助力乡村振兴
出版计划

【现代种植业实用技术系列】

花生
优质高效栽培技术

主　　编　倪皖莉

副主编　储　文

编写人员　姜　涛　朱晓峰　王　嵩　陈亚萍

　　　　　薛　辉　高仕朋　胡业功　孙建强

　　　　　李剑锋　李　然　张　昕　许　景

　　　　　鲁　冬　缪志新

时代出版传媒股份有限公司
安徽科学技术出版社

图书在版编目（CIP）数据

花生优质高效栽培技术 / 倪皖莉主编.--合肥:安徽
科学技术出版社,2024.1
助力乡村振兴出版计划.现代种植业实用技术系列
ISBN 978-7-5337-8850-6

Ⅰ.①花…　Ⅱ.①倪…　Ⅲ.①花生-栽培技术
Ⅳ.①S565.2

中国国家版本馆 CIP 数据核字(2023)第 216299 号

花生优质高效栽培技术　　　　　　　　　　　　　　　　主编　倪皖莉

出　版　人:王筱文　选题策划:丁凌云　蒋贤骏　王筱文　责任编辑:胡　铭
责任校对:张晓辉　责任印制:李伦洲　　　　　　　　　　装帧设计:王　艳
出版发行:安徽科学技术出版社　　　　http://www.ahstp.net
(合肥市政务文化新区翡翠路 1118 号出版传媒广场,邮编:230071)
电话:(0551)63533330
印　　　制:安徽联众印刷有限公司　　电话:(0551)65661327
(如发现印装质量问题,影响阅读,请与印刷厂商联系调换)

开本:720×1010　1/16　　印张:10.5　　　　字数:146 千
版次:2024 年 1 月第 1 版　　印次:2024 年 1 月第 1 次印刷

ISBN 978-7-5337-8850-6　　　　　　　　　　　　定价:43.00 元

出版说明

　　"助力乡村振兴出版计划"(以下简称"本计划")以习近平新时代中国特色社会主义思想为指导,是在全国脱贫攻坚目标任务完成并向全面推进乡村振兴转进的重要历史时刻,由中共安徽省委宣传部主持实施的一项重点出版项目。

　　本计划以服务乡村振兴事业为出版定位,围绕乡村产业振兴、人才振兴、文化振兴、生态振兴和组织振兴展开,由《现代种植业实用技术》《现代养殖业实用技术》《新型农民职业技能提升》《现代农业科技与管理》《现代乡村社会治理》五个子系列组成,主要内容涵盖特色养殖业和疾病防控技术、特色种植业及病虫害绿色防控技术、集体经济发展、休闲农业和乡村旅游融合发展、新型农业经营主体培育、农村环境生态化治理、农村基层党建等。选题组织力求满足乡村振兴实务需求,编写内容努力做到通俗易懂。

　　本计划的呈现形式是以图书为主的融媒体出版物。图书的主要读者对象是新型农民、县乡村基层干部、"三农"工作者。为扩大传播面、提高传播效率,与图书出版同步,配套制作了部分精品音视频,在每册图书封底放置二维码,供扫码使用,以适应广大农民朋友的移动阅读需求。

　　本计划的编写和出版,代表了当前农业科研成果转化和普及的新进展,凝聚了乡村社会治理研究者和实务者的集体智慧,在此谨向有关单位和个人致以衷心的感谢!

　　虽然我们始终秉持高水平策划、高质量编写的精品出版理念,但因水平所限仍会有诸多不足和错漏之处,敬请广大读者提出宝贵意见和建议,以便修订再版时改正。

本册编写说明

花生是我国重要的油料作物和经济作物,用途非常广泛。花生仁可食用、可榨油,花生壳、花生秧可作为养殖饲料,花生的综合利用前景广阔,增值空间大。因此,大力发展花生产业,对保证我国食用油安全供应,促进农产品出口创汇,满足人民生活的新需求,均具有十分重要的意义。

本书是在当前国家提倡大力发展油料作物的新形势下编写而成的。针对花生生产中品种更新慢、化肥农药使用不科学、产量潜力发挥不足等主要问题,本书在总结近年来花生绿色增效技术研究新成果和生产新经验的基础上,系统地介绍了花生生产概况、花生优质高效栽培、花生病虫草害及黄曲霉病防治、花生收获贮藏等方面的内容,以期为实现花生生产的高产、优质、绿色、增效提供坚实的技术支撑。

本书所介绍的"花生单粒精播节本增效栽培技术""玉米花生宽幅间作技术"(均由山东省农业科学院研制)已入选农业农村部主推技术,"夏播花生减肥减药增效技术"(由安徽省农业科学院研制)已入选安徽省农业主推技术。本书第一章由倪皖莉、储文编写,第二章由姜涛、储文编写,第三章由朱晓峰编写,第四章由陈亚萍、王嵩编写,其他参编人员承担了书中部分内容的编写工作。

目　录

第一章 花生概述

花生又名"落花生""长生果",属豆科蝶形花亚科,为一年生草本植物。花生原产于南美洲,目前在我国栽种地区较广,主要产区分布在黄淮、华南、长江流域、东北各省区。我国历史上有许多关于花生的记载,较早对于花生种植的记载,出现在《常熟县志》(1503年)和《上海县志》(1504年)中。花生不仅是优质的食用油原料,也是人们喜爱的休闲食品。

第一节 花生的营养与价值

花生是在全世界广泛种植的油料作物和经济作物,单位产量高,出油率高,营养价值丰富,是一种用途多样、综合利用前景广阔的农作物。大力发展花生生产,对于保障我国食用油安全,提高人民的生活水平,扩大出口创汇都有着重大意义。

一 花生的主要营养成分

1.蛋白质

花生仁中蛋白质含量为24%～36%,在主要油料作物中,仅次于大豆,高于油菜和芝麻。花生蛋白质中含人体必需的多种氨基酸,其中赖氨酸含量比大米、小麦、玉米高,有效利用率为98.8%。花生蛋白质中的谷氨酸和天门冬氨酸等对促进人体脑细胞的发育有良好作用。花生蛋白质营养价值高,在烘焙加工中产生的香味,与花生蛋白质中的天门冬氨酸、谷氨

酸、谷酰胺、天门冬二氨酸、组氨酸和苯丙氨酸等有关。

2.脂肪

花生仁中脂肪含量为50%左右,在主要油料作物中,仅次于芝麻,高于油菜和大豆。脂肪酸是花生脂肪中的重要组成部分,包括饱和脂肪酸(棕榈酸、硬脂酸、花生酸、山嵛酸、木焦油酸、肉豆蔻酸等)和不饱和脂肪酸(油酸、亚油酸、花生烯酸等)。花生脂肪中,饱和脂肪酸占20%左右,其中棕榈酸占6%～11%,硬脂酸占2%～6%,花生酸占5%～7%;不饱和脂肪酸占80%左右,其中油酸占53%～85%,亚油酸占13%～26%。亚油酸是人体必需的脂肪酸,在人体内无法合成,只有通过食物摄取才能获得,其具有降低血脂、降低血压、软化心脑血管的作用,可有效预防人体心脑血管疾病。

花生仁脂肪含量和脂肪酸组分是决定花生及其加工产品营养保健价值、加工特性与效率、耐储藏性以及市场竞争力的重要指标。食用高油酸花生可降低人体三酰甘油和血液总胆固醇、低密度脂蛋白胆固醇,增加高密度脂蛋白胆固醇,有益于预防动脉粥样硬化,减少血小板聚集,防止血栓形成。根据我国农业行业标准《高油酸花生》(NY/T 3250—2018),花生仁的油酸含量占脂肪酸总量75%及75%以上的品种为高油酸花生品种,长期食用有益于人体健康。

3.碳水化合物

花生仁中碳水化合物含量为10%～23%,其中淀粉约占4%,其余主要是游离糖。游离糖中可溶性糖主要包括蔗糖、果糖、葡萄糖,以及少量水苏糖、棉子糖和毛蕊糖等,非可溶性糖有半乳糖、木糖、阿拉伯糖和氨基葡萄糖等。随着食用花生市场规模的日益扩大,食用花生的品质特性备受关注。甜味是影响食用花生风味和口感的重要指标,而花生甜味主要来源于蔗糖。提高蔗糖含量是培育食用型花生的关键。蔗糖含量的多少还与焙烤花生果(仁)的香气和味道密切相关。

4.维生素

花生仁中含有多种维生素,主要包含水溶性维生素和脂溶性维生素。其中,水溶性维生素主要有维生素B_1、维生素B_2、维生素B_6、烟酸及叶酸等;脂溶性维生素主要为维生素E,维生素E具有α-生育酚、β-生育酚、γ-生育酚和δ-生育酚4种存在形式。B族维生素是维持人体正常机能与代谢活动不可或缺的水溶性维生素,人体无法自行制造合成,必须额外补充。B族维生素可以帮助人体维持心脏、神经系统功能,维持消化系统及皮肤的健康,参与能量代谢,能增强体力、滋补强身。

以花生为原料,加热处理(水煮、蒸、油炸)对花生仁中维生素含量的影响,有研究表明:以湿基计,油炸处理后维生素E含量未发生显著变化,其他处理均使维生素E含量下降,水煮处理后烟酸保留率最低;以干基计,加热处理前后维生素E含量无显著变化,油炸处理后维生素B_1保留率最低;不同加热处理后烟酸、维生素B_1和维生素B_2含量均有所下降。以上加热处理方法对花生仁中维生素含量的影响各不相同,但处理前后花生仁中维生素含量都很丰富,依然可以满足人体对维生素的需求。

5.矿物质及其他

花生仁中含3%的矿物质,无机成分中有近30种元素,包括钾、磷、镁、硫、铁、铜、钙、硒等;花生仁也富含植物固醇,包括白藜芦醇、β-谷固醇和植物异黄酮等。花生所含丰富的营养成分,决定了其具有重要的营养价值。同时,花生也是多种食品的重要原料。

二 花生的用途

1.花生是重要的食用油来源

花生是重要的油料作物之一。从消费比例看,我国是世界上最大的花生油消费国,其次为印度。2006—2014年,我国花生油的绝对消费量呈稳步上升趋势,占同期主要食用植物油实际消费量的8.77%,仅次于菜籽油

和豆油,位居第3位。近年来,花生产量总体趋势稳中有升,2014年我国花生总产量约为1 650万吨,其中用作榨油的花生比重在47%左右。

2.花生是深受欢迎的休闲食品

花生加工食品产品有烘焙花生、水煮花生、油炸花生、炒制花生、裹衣花生、花生糖果、花生酱等。食用花生品质主要分为感官品质和营养品质,花生仁生化成分与感官品质之间具有明显的相关性。王传堂等研究发现,甜度和酥脆度是影响油炸花生仁的总体喜欢度的主要因素;王秀贞等认为,甜味和异味是影响鲜食花生总体喜欢度的重要因素。研究人员还发现蔗糖是花生仁中含量最高的糖,也是影响花生口味的重要因素,当蔗糖含量在5%以上时,口感较好。

3.花生综合利用价值高

花生蛋白质综合利用的领域越来越广。花生蛋白粉、组织蛋白、分离蛋白、浓缩蛋白可作为食品工业原料,用于制作焙烤食品,与其他蛋白质混合可制作肉制品、乳制品和糖果等;榨油后的花生饼通过精加工可提取优质蛋白粉;花生的茎叶、果壳、种皮、果仁均有较高的药用价值,可以直接使用或作为制药原料。

花生饼(粕)是饲养畜禽的优质饲料。榨取油脂后的花生饼(粕),形状通常为小块或粉状,淡褐色,有轻微的花生香味,营养成分十分丰富,蛋白质含量高达50%,其缬氨酸、精氨酸、酪氨酸、亮氨酸的含量明显高于大豆饼(粕)和棉籽饼(粕)。近年来低温冷榨技术的发展,使花生饼(粕)中蛋白质等营养成分得以保存而不变性,从而可大大提高花生饼(粕)中活性成分的综合利用率。

花生茎叶在养殖业中可用作青饲料。花生茎叶约含45%的碳水化合物、20%的纤维、14%的蛋白质、2%的脂肪,并富含钙和磷,是优质的粗饲料。品质好的花生茎叶,在花生摘果后应及时切除根部,通过烘干机烘干或在阳光下暴晒变干,然后用粉碎机粉碎用作养殖饲料。慢慢晾干和霉

变的茎叶,营养价值会大幅下降甚至会产生毒素。

花生荚壳含4%～7%的蛋白质,16%左右的戊糖,70%～80%的纤维素,10%左右的半纤维素,是较好的饲用原料。

总之,花生用途非常广泛,花生仁可食用、可榨油,花生壳、花生秧可用作养殖饲料等,花生产品综合利用前景广阔,增值空间较大。

三 花生产业价值

花生是我国重要的油料作物和经济作物,根据国家统计年鉴数据,2016—2021年我国花生年均种植面积为6 960万亩(1亩≈666.7平方米),占全国油料作物种植面积的35.5%;花生总产量为1 743.4万吨,占全国油料总产量的49.8%,居全国油料作物之首。大力发展花生产业,对保证我国食用油安全供应,促进农产品出口创汇,满足人民生活的新需求,均具有十分重要的意义。

1.花生在我国油料生产中占有重要地位

在油料作物中,花生的单产水平高、产量潜力大。根据国家统计年鉴2016—2021年平均数据,花生播种面积仅占油菜的约69.3%,但是花生总产量却是油菜的约1.3倍(表1-1)。国内春播、夏播花生均培创出大面积亩产500千克的高产片,最高亩产达865.47千克的高产丘(山东莒南,2023);国外花生最高单株产量达0.89千克,结果661个(美国)。因此,与其他主要粮油作物相比,花生具有更高的经济效益优势,种植花生是农民增收的重要途径。同时,花生出油率高于油菜籽和大豆,在提高食用油供给效率方面具有明显优势,有效地保障了国内食用植物油供给。

2.花生是我国传统大宗出口农产品

中国作为花生产量第一大国,由于花生主要用于国内消费,出口量仅占总产量的0.6%。20世纪50年代,我国花生出口量仅为1万～18万吨,1994年达48万吨,2001年达46.7万吨,2002年则达77万吨, 占国际花生市场20%～

表 1-1   我国主要油料作物生产情况(2016—2021 年)

名称	年均种植 面积/万亩	占油料作物总 面积比例/%	年均每亩 单产/千克	在油料作物 中的排名	年均总产 /万吨	占油料作物总 产量比例/%
油菜	10 041.7	51.2	135.92	2	1 365.5	39.0
花生	6 961.2	35.5	250.37	1	1 743.4	49.8
芝麻	395.0	2.0	106.60	3	42.1	1.2

30%的份额。2005—2008年,我国花生年出口总量由78.8万吨跌至50万吨,此后花生产品出口增长趋于缓慢,2021年我国花生出口量仅为10.43万吨。我国花生出口以原料花生和花生制品为主,花生油和花生饼(粕)的比重较小。

3.花生在农业产业结构调整中占有重要地位

花生抗旱耐瘠,根系发达,且根系能分泌有机酸将土壤中难溶性磷释放出来,供作物利用。花生对生茬地、丘陵岗地、旱薄地等地块均有较好的生态适应性,这一特性在种植结构调整方面具有重要意义。同时,花生属豆科作物,根部着生根瘤,能与根瘤菌进行高效共生固氮,通过固定空气中的游离氮素,可起到固氮、肥田、养地的作用。在中等肥力沙壤土上,根瘤菌对花生的供氮率为50%~60%,大部分供当季花生需要,可补充土壤氮肥的不足。另外,花生与粮食作物轮作,既可减少病虫害的发生,又有利于培肥地力,促进后茬作物的生长发育。

▶ 第二节   国内外花生生产概况

一 世界花生生产概况

花生是世界上分布较广泛和普遍的作物,世界六大洲的100多个国家均有种植。南美洲中部是花生属植物和栽培花生的起源地,花生主要分

布在南纬40°与北纬40°之间的广大地区,主要集中在南亚和非洲的半干旱热带、东亚和美洲的温带半湿润季风带地区。其中,亚洲花生种植面积占世界种植总面积的60%～65%,非洲占30%左右,美洲占5%左右,而欧洲和大洋洲仅有零星种植,没有形成规模化生产。目前,花生主产国有中国、印度、美国、尼日利亚、缅甸、阿根廷、印度尼西亚、塞内加尔、苏丹和越南等。

根据联合国粮食及农业组织数据统计,自2010年以来,全世界花生每年种植面积为2 614万～3 272万公顷,2021年的种植面积比2010年增长约25.17%,全球的花生种植面积不断扩大。印度、中国、尼日利亚、塞内加尔、苏丹、美国等国家花生种植面积较大。2013年世界花生种植面积达2 815万公顷。其中,印度花生种植面积为525万公顷,居世界第一位;中国花生种植面积为465.16万公顷,位居第二。

世界花生产量呈逐年递增的态势,据联合国粮食和农业组织统计,2021年全球花生总产量为5 392.69万吨,比2010年的4 354.99万吨增长23.83%。从2010—2021年数据来看,世界花生主要生产国中,美国、中国和阿根廷的花生单产水平超过世界平均水平,中国花生单产居世界第二。

二 我国花生生产概况

我国已有500多年的花生种植历史,大面积种植始于19世纪末期。花生生态适应性强,抗旱性强,耐瘠薄,在全国范围内都有花生的种植。目前,我国已成为世界上花生种植面积较大的国家之一。

根据《中国统计年鉴》2020年和2021年平均数据,我国目前花生年种植面积超过200万亩的有河南、山东、广东、辽宁、四川、湖北、河北、广西、江西、安徽等10个省区,其中河南、山东的种植面积分别为1 916.10万亩和961.95万亩。具体数据见表1-2。

表 1-2   我国花生主产省区及全国生产情况统计表(2020—2021 年平均值)

省区及全国	种植面积/万亩	占全国总面积/%	单产/(千克/亩)	总产/万吨	占全国总产/%
河南省	1 916.10	26.8	308.75	591.6	32.6
山东省	961.95	13.5	295.44	284.2	15.7
河北省	370.05	5.2	261.05	96.6	5.3
广东省	523.05	7.3	217.95	114.0	6.3
安徽省	219.00	3.1	329.22	72.1	4.0
广西壮族自治区	337.20	4.7	208.19	70.2	3.9
四川省	430.20	6.0	174.34	75.0	4.1
江苏省	147.75	2.1	274.11	40.5	2.2
江西省	261.45	3.7	200.04	52.3	2.9
湖南省	170.10	2.4	178.13	30.3	1.7
湖北省	370.05	5.2	234.29	86.7	4.8
福建省	110.25	1.5	199.55	22.0	1.2
辽宁省	478.95	6.7	223.61	107.1	5.9
全国	7 152.00	—	253.79	1 815.1	—

▶ 第三节   花生的品种类型

在植物学上,花生栽培品种可依据其生长习性、植株形态特征和生理特征进行分类。先后已有多位学者提出了不同的分类方法,并将花生分成若干亚种或类型。本节重点介绍其中一种被广泛接受的植物学分类方法。除植物学分类外,在花生生产实践中,人们还按照种植习惯将花生分

为若干类型,本节对这些花生分类也做了简单介绍。

一 花生的植物学分类

花生属于豆科,蝶形花亚科,为一年生草本植物。花生属包含50~70个种,该属物种在开花受精后,子房柄伸长,形成果针向地下生长,果针入土后才能结实,具有地上开花、地下结果的特性。生产上的花生为栽培种,为异源四倍体,具有重要的经济价值;其他均为野生种,这些野生种大多为二倍体。

花生原产于南美洲,栽培种花生可能由两个二倍体野生种天然杂交而来。花生在我国具有悠久的种植历史,我国花生的大规模种植可追溯到明朝。

在生物学分类上,Gregory和Krapovickas等植物学家于20世纪80年代将栽培花生归为密枝亚种(交替开花亚种)和疏枝亚种(连续开花亚种)。前者细分为密枝变种和多毛变种,后者细分为疏枝变种和普通变种。这一分类方法较为公认。在植物学分类上,我国植物学家于20世纪70年代依据花生荚果性状、开花习性等,将我国栽培花生划分为四大类型:普通型、龙生型、多粒型和珍珠豆型。两种分类方法基本类似,可以通用,其所分类型对应关系如表1-3所示。

表1-3 栽培花生的分类

亚种	变种	中国所称
密枝亚种(交替开花亚种)	多毛变种	龙生型
	密枝变种	普通型
疏枝亚种(连续开花亚种)	疏枝变种	多粒型
	普通变种	珍珠豆型

1.龙生型花生

龙生型花生主茎全是营养枝，第一次及第二次分枝上的营养芽和生殖芽以2：2的规律排列，属于交替开花亚种（或密枝亚种）。该类型品种分枝长且多，分枝纤细，植株遍布密集茸毛；有的品种叶片茸毛较密，呈灰绿色。该类型品种几乎全是蔓生类型，侧枝躺卧于地面，主茎明显，且主茎略显花青素。一些品种侧枝末梢翘起，主茎藏于株丛，不明显。小叶多呈倒卵形，叶片包括叶缘，有茸毛，小叶大小以及叶色品种间差别很大。

龙生型花生果实见明显喙和龙骨，果荚横截面呈扁圆形，脉纹明显，有网纹和直纹两种。网纹较深，荚壳较薄，有腰，种子呈椭圆形，多仁荚，种皮呈暗褐色。该类型具有很好的抗逆性，对病、虫、干旱、渍水都具有很好的抗性或耐受性，适于贫瘠土地栽培。种子休眠性强，发芽对温度要求较高，多为晚熟型品种，春播生育期在150天以上。龙生型花生目前在生产上应用不多，但在花生育种及遗传性状研究上具有重要意义。

2.普通型花生

普通型花生主茎全是营养枝，第一次及第二次分枝上营养枝和生殖枝交替着生，其中该类型蔓生品种交替开花形式更加明显，且多以2：2的规律稳定排列。普通型花生的分枝习性较为复杂，可分为直立、蔓生、半蔓生、匍匐等。茎枝粗细适中，分枝多。小叶呈倒卵形，深绿色。普通型花生果荚无龙骨，有喙，荚壳较厚，表面平滑，可见明显网纹。双仁荚，种子呈椭圆形，种皮多为粉红色、褐色。种子休眠性强，休眠期在50天以上，发芽对温度要求较高，最适宜发芽温度为18℃左右。该类型花生具有很好的耐肥性，但对钙的需求量较高，不适于酸性土壤栽培。普通型花生品种生育期较长，春播生育期一般为145～180天，多为晚熟或极晚熟品种。

3.多粒型花生

多粒型花生主茎节间较短，主茎基部均为营养枝，其他枝节均有花枝

分化,属于典型的连续开花类型。该类型花生分枝较少,一般为5~6条,第一次分枝上极少有第二次分枝。主茎粗壮,是典型的直立型花生,但植株刚性不强,生育后期植株常倾斜或倒伏。此外,根茎部有花芽分化,地下闭花受精且结实现象普遍。由于侧枝节间较长且株型直立,上部花朵形成果针后不易入土,形成无效果针,所以结实主要集中在主茎基部及周围,结实较集中。在生育后期,主茎、侧枝及果针多呈紫红色,主茎上部多见大量红紫色无法入土果针。茎枝上有稀疏长茸毛,花青素显著,茎叶茸毛的多少、有无和分枝数在品种间差异很大。叶片基本为长椭圆形,叶片较其他类型大,黄绿色,叶脉显著。荚果以多仁为主,多含3~4粒种子,但一些品种双仁荚果仍占一定比例。荚壳厚,脉纹深浅皆有,因品种而异,果喙不明显,种仁挤满荚壳,腰不明显。由于紧贴果壳生长,因此种子多呈不规则有斜面圆锥形。种皮多为红色或红紫色,亦有白色种皮品种。该类型花生种子休眠性较弱,休眠期短,适宜的发芽温度为12℃左右。多粒型花生生育期较短,春播生育期为120天左右,大多数为早熟或极早熟品种,生产上适宜早收获,以减少烂果风险。

4.珍珠豆型花生

珍珠豆型花生主茎基部为营养枝,其他枝节皆有花芽着生,节间短,生育后期主茎常布满果针。第一侧枝的第一节通常也是营养枝,除少数分枝外,大多数分枝基本连续着生花枝,属于连续型开花类型。茎枝粗壮,有花青素,分枝性弱于普通型。根茎部有花芽着生,地下闭花授粉结实现象普遍。叶片呈椭圆形,叶色较浅,多呈黄绿色。荚果呈蚕茧形或葫芦形,典型双仁荚,荚壳薄,果喙及腰的有无因品种不同而异,荚壳与种子空隙较小,种子多呈圆形,种皮以白色和粉色为主。种子休眠性较弱,且休眠期短,最短只要几天,发芽适宜温度为12~15℃,所以成熟期如遇高温多雨天气极易造成田间发芽。珍珠豆型花生生育期短,春播生育期为120~130天。该类型品种耐旱性较强,但对叶部病害如叶斑病、锈病的

抗性较差。

5.中间型花生

由于亚种间杂交,一些花生品种无法归入以上四种类型而另成一类,即中间型。这类花生有的主茎着生花芽,但分枝上花芽着生形式为交替排列;有的主茎不着生花芽但侧枝花芽连续排列。并且它们的后代花芽着生形式经常分离变换,国外亦称该类型为不规则型。

二 花生的其他分类方法

除植物学分类方法外,在生产实践中还使用一些其他方法对花生进行分类。

根据侧枝与主茎间夹角的大小,可将花生分为蔓生型、半蔓生型和直立型三大类。蔓生型品种主茎与侧枝夹角近似直角,半蔓生型主茎与侧枝夹角在60°左右,直立型品种主茎与侧枝夹角一般小于45°。此外,第一对侧枝长度与主茎长度的比值也是评判株型的重要指标,称为株型指数。蔓生型株型指数大于2,半蔓生型株型指数为1.5左右,直立型株型指数为1.1～1.2。

根据花生生育期的长短,可将花生分为早熟品种、中熟品种和晚熟品种。其中,早熟品种生育期为130天以内,中熟品种生育期为130～160天,晚熟品种生育期为160天以上。

根据种子大小,可将花生分为大粒品种、小粒品种和中粒品种。大粒品种百仁重在80克以上,小粒品种百仁重在50克以下,中粒品种百仁重为50～80克。

根据花生品种指标,可将花生分为高油酸品种(油酸含量≥75%)、高蛋白品种(粗蛋白质含量≥28%)、高油品种(粗脂肪含量≥55%)等。

第四节　花生的形态特征

花生有地上开花、地下结果的特性,属于豆科作物,根瘤菌侵入花生根部皮层等组织形成根瘤,着生在主根和侧根上,根瘤菌能将空气中的氮还原成氨,不仅供应花生自身生长所需的营养,还具有很好的肥地作用,能促进下茬作物的生长。了解花生的形态特征,对于研究花生高产技术具有较重要的意义。

 根

1.根的形态

花生根系属于直根系,由一条主根、数条侧根组成。由胚根发育而来的为主根,由主根发育而来的侧根为一次侧根,由一次侧根发育而来的侧根为二次侧根,依此类推。侧根在主根上呈四列排布,四列一次侧根在主根上呈"十"字形排布。根部与茎部交界处是胚轴,胚轴与侧枝基部可发生不定根。种子萌发后,胚轴伸长并将子叶顶出地面。因此,播种质量对胚轴是否正常生长及花生出苗质量影响很大。如播种时种子倒置(即种子尖头朝上),发芽后胚轴需要弯曲,才能将子叶顶出土,不利于幼苗正常出土。此外,播种过深也会导致胚轴相应伸长,消耗过多养分,进而影响幼苗和根系发育。

出苗时主根为5～10厘米,侧根有40余条。当主茎具4片真叶时,主根可达40厘米。至花生始花时,主根长度可达60厘米,侧根有100～150条。侧根刚生出时,近似水平生长,长度可达45厘米,随后转向垂直生长。成熟植株的主根可深入地下30厘米左右,侧根在地下15厘米土层最多。品种间的根系分布直径有较大差别,匍匐型品种为80～115厘米,直立型品种约为50厘米。花生侧根一般有1～7次分生。随着一次侧根的生长,2～5次

分生(直立型品种)及最多7次(匍匐型品种)分生相继产生,最终形成庞大的根系。

2.根瘤菌

花生的主根和侧根上有根瘤着生。根瘤中的根瘤菌可以将空气中的游离态氮转化为可供植株吸收的铵态氮。据相关研究报道,每亩花生的固氮能力为2.5～5千克。花生根瘤属于豇豆族根瘤,多呈球形,直径为1～5毫米,多着生在主根及侧根上部,这部分根瘤较其他部位根瘤大,固氮能力也更强。此外,胚轴及主根尖部也有根瘤着生。根瘤的大小、内部颜色及着生部位等都对花生固氮能力有很大的影响。

花生出苗后,幼根分泌乳糖、半乳糖及有机酸等物质,幼根周围的根瘤菌获得营养后大量繁殖并聚集在幼根周围。此后,根瘤菌侵入根皮层细胞,并进行大量繁殖,受侵染的皮层细胞及其附近细胞接收到刺激信号后会激烈增殖,形成球状根瘤并将根瘤菌束缚在其中。此时,根瘤菌与植株形成寄生关系,由植株为根瘤菌提供营养。到花生生育中后期,根瘤菌的固氮能力越来越强,逐步实现为植株提供氮肥功能,此时根瘤菌与植株形成互利共生关系。一般在花生具4～5片真叶时,幼根上即可见明显球形根瘤,但根瘤数目较少且根瘤很小,还不具备固氮能力或者固氮能力很弱,无法为植株提供所需氮肥。在花生初花期,根瘤菌已经可以为植株提供一定的氮肥。在花生盛花期至结实期,根瘤菌固氮能力达到最强,此时可以为植株生长发育提供足够氮肥。在花生饱果期及以后,根瘤菌固氮能力会迅速衰退,直至完全丧失固氮能力,瘤体随之破裂,根瘤菌重新回到土壤中进行腐生生活。

二 主茎及分枝

1.主茎

花生主茎多为直立,幼茎横截面呈圆形,中心部有髓。盛花期后,主茎中、上部横截面呈菱形,髓部中空,且主茎基部木质化。主茎表面多生茸毛,茸毛的疏密及长短因花生类型而异。一般而言,龙生型花生茸毛密而短,多粒型花生茸毛疏而长;同种类型不同品种茸毛差异也较为明显。一般来说,主茎茸毛多的品种比较耐旱。花生茎的颜色多为绿色,成熟后多转变为褐色;但一些品种的茎含有花青素而呈现紫红色,例如龙生型和多粒型花生很多品种呈现深浅不一的紫红色。

花生主茎通常具有15~25个节间,节间长短由下向上呈现出短—长—短变化,前五个节间极短,其中第一节间(子叶到第一片真叶)只有1~2厘米,以后节间逐渐变长,到顶部几个节间又明显变短。主茎总高度在15~75厘米,也有超过100厘米的品种。同一品种主茎节间的多少及主茎的高低也有很大差异,主要影响因素包括生长期、温度、土壤含水量及土壤肥力,一般多水肥、温度高、种植密度大的地块极易出现花生植株地上部分徒长。长日照也能促进主茎生长,弱光调节促进节间伸长及促进主茎生长并抑制侧枝发育。在实际生产中,花生与高秆作物间作、套种现象较为常见。

花生的主茎高度在一定程度上可以反映植株个体的生长状况。例如,蔓生型品种主茎高度以40~50厘米为宜,超过50厘米应考虑控制生长旺盛;主茎低于30厘米说明花生营养不良,此时应考虑采取相应栽培措施以促进花生生长。

2.分枝

从主茎上生长出来的分枝为第一次分枝,从第一次分枝上生长出来的分枝为第二次分枝,依此类推。一般晚熟品种有三次以上分枝,而早熟品种多只见两次分枝。花生第一、第二条分枝一般在出苗后3~5天,主茎第三片真叶展开时出现。第一、第二条侧枝对生,又称"第一对侧枝"。主茎第三、第四条侧枝为互生,但由于第一节间和第二节间很短,看上去近似对生,所以一般也称第三、第四条侧枝为"第二对侧枝"。第二对侧枝在

主茎第五或第六片真叶展开时出现。两对侧枝在主茎上呈"十"字形分布，此时花生的高度与宽度近似相等，又称"团棵期"。花生的第一、第二对侧枝长势很强，包括这两对侧枝所发生的第二次分枝构成花生植株的主体，其上果针入土形成的荚果，也是花生产量形成的主要部位，占单株结荚数的80%～90%。因此，在实际生产中应注重促进第一、第二对侧枝的苗壮发育以获得高产。

侧枝的生长习性决定了花生的株型。目前，我国花生育种以直立型花生为主，而美国等欧美国家花生育种则偏向于蔓生型或半蔓生型。

 三 叶

1.叶片的形态结构

花生叶片可分为完全叶(又称"真叶")和不完全叶两类。通常每个枝条的第一节(有的从第一至第三节)着生的叶片都是鳞叶，属于不完全叶。花生真叶为4小片叶组成的羽状复叶，包括托叶、叶枕、叶柄、叶轴和小叶。小叶两两对生，位于叶柄上部的叶轴上。小叶叶轴很短，复叶叶柄较长，一般为2～10厘米，其上着生茸毛，正面有一条纵沟。基部膨大处称为"叶枕"，小叶基部也有叶枕。柄基部两片窄且长的叶状物称为"托叶"。托叶约有2/3的长度与叶柄基部相连，托叶的性状是鉴别花生品种的一个重要依据。羽状复叶的小叶数多为4片，但也有多于或少于4叶的畸形叶出现。叶片边缘着生茸毛，但叶表较光滑，具有网状脉络，有的脉络具有红色素。叶背主脉凸起且着生茸毛。小叶的形状大体可分为椭圆形、长椭圆形、倒卵形和宽倒卵形，如图1-1所示。叶片长度(小叶主脉长度)在2～8厘米。叶片颜色分为黄绿色、淡绿色、绿色、深绿色和暗绿色等。小叶的大小、形状和颜色在品种间差别很大，也是鉴别花生品种的重要依据。由于同一植株上部及下部叶片形状不一，在进行品种鉴别时以植株中部叶片为主要标准。

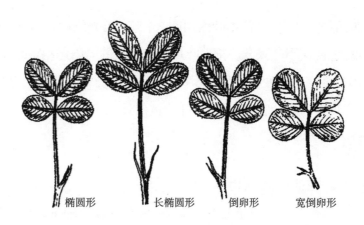

椭圆形　　　长椭圆形　　　倒卵形　　　宽倒卵形

图1-1　花生叶片形状示意图

2.叶片的功能

叶片是进行光合作用的主要器官，叶片的正常发育及足够的叶片面积是保证花生高产的基础。花生是喜阳作物，光饱和点(当日照强度上升到某一数值之后，植物光合速率不再继续提高时的日照强度值)很高，同时花生的光补偿点(当植物通过光合作用制造的有机物质与呼吸作用消耗的物质相平衡时的日照强度值)很低。花生在弱光下的光合强度优于大豆、玉米，这也为花生与高秆作物间套复种提供了理论基础。

蒸腾作用是叶片的另一重要功能。蒸腾作用可保证花生植株水分的传导，是被动吸收水分的原动力。同时，蒸腾拉力是植株吸收矿物质等养分并向上运输的重要动力。应用化学物质对花生蒸腾速率进行调控，可显著提高花生抗旱性，提高花生产量。叶片还是吸收矿物质养分的辅助器官，通过叶面施肥可以补充根系对一些矿物质养分吸收的不足。尤其在花生生育后期，叶面施肥是给花生补充营养的重要手段。

3.叶片感性运动

花生叶片会接受外界环境的刺激产生相应的运动变化。花生叶片具有昼开夜合特性，当夜间光线较弱时，由于叶枕细胞中光敏色素的作用，

叶枕细胞的膨胀压变小,使小叶两两闭合;当白天光线增强后,叶枕细胞膨胀压增大,促使小叶张开。花生叶片有着明显的向阳运动特性,叶片会随着太阳角度变化而变化,可使叶片更有利于接受日光照射。夏日正午时分,花生顶部叶片会竖立,可防止叶片被烈日灼伤。

四 花

1.花序和花的形态结构

花生花序是着生花的变态枝,为总状花序。在花序轴每一节上着生苞叶,苞叶叶腋内着生一朵花。依据花序在植株上着生的部位和方式,可将花生分为连续开花型和交替开花型两种。连续开花型品种的主茎和侧枝的每个节都可着生花序;交替开花型品种主茎不着生花序,侧枝基部只长营养枝,也不着生花序,其后几节只着生花序,然后几节只生营养枝,如此交替。花生开花模式如图1-2所示。

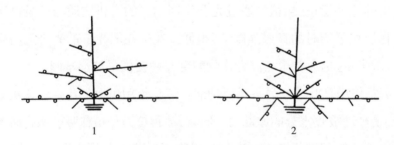

1—连续开花型;2—交替开花型

图1-2 花生开花模式示意图

花生的花呈蝶形,由苞叶、花萼、花冠、雄蕊和雌蕊组成。花生花朵有两片苞叶:一片包裹花朵,为外苞叶,形如桃,绿色;另一片为内苞叶,长约2厘米,前端呈二分枝状。花萼位于内苞叶内,共5枚,其中4枚连合,1枚分离。萼片颜色在品种间存在差异,有浅绿、深绿和紫绿之分。内苞叶连着细长的花萼管,花萼管多呈黄绿色,附着茸毛,长度约为3厘米。花冠呈

蝶形,由外到内依次为1片旗瓣、2片翼瓣和2片龙骨瓣,花瓣一般呈橙黄色,品种不同花瓣颜色深浅亦略有不同。旗瓣最大,具有红色纵纹,翼瓣位于旗瓣内龙骨瓣两侧。2片龙骨瓣愈合为一个整体,呈圆筒状,头部尖,向上弯曲,包裹雌雄蕊。花生花器官结构如图1-3所示。

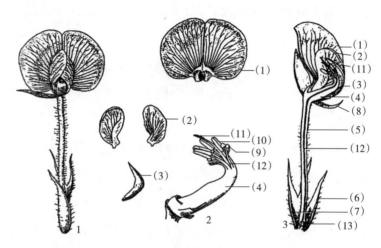

1—花的外观;2—雄蕊管及雌蕊的柱头;3—花的纵切面;
(1)—旗瓣;(2)—翼瓣;(3)—龙骨瓣;(4)—雄蕊管;(5)—花萼管;
(6)—外苞叶;(7)—内苞叶;(8)—萼片;(9)—圆花药;(10)—长花药;
(11)—柱头;(12)—花柱;(13)—子房

图1-3　花生花器官结构示意图

花生每朵花有10枚雄蕊,其中2枚退化,剩下8枚雄蕊可以正常产生花粉。但少数品种只有1枚雄蕊退化,有些10枚雄蕊都能正常产生花粉。雄蕊花丝中下部愈合成雄蕊管,因此也称花生雄蕊为"单体雄蕊"。花生雄蕊通常4长4短相间而生。4枚长花丝雄蕊花药较大,呈椭圆形,4室,花粉成熟早,散粉亦早;4枚短花丝雄蕊花药较小,呈圆形,2室,花粉成熟晚,散粉亦较晚。雌蕊位于花朵中心,分柱头、花柱和子房三部分。花生雌蕊花柱细长,贯穿花萼管连接子房和柱头(图1-3)。柱头密生茸毛,顶端略微膨大呈球状。子房位于花萼管基部,子房上位,内含一至数个胚珠。子

房基部有子房柄,受精后其分生伸长区细胞迅速分裂,子房柄伸长会将子房推入土中。

2.开花和受精

开花前一天下午花蕾明显增大,傍晚花瓣膨大,撑破萼片露出少许花瓣,夜间花萼管和花柱迅速伸长,次日早晨5—7时花朵完全开放,下午花瓣萎蔫,花萼管逐渐干枯。在花瓣展开前,长花药已经裂开并散粉,由于雌雄蕊被龙骨瓣紧密包裹,所以花生几乎都是自花授粉。由于龙骨瓣及翼瓣的包裹,一些埋入地下的花也能完成授粉受精。授粉后10～18小时即可完成受精。

花生的开花顺序是自下而上、由内向外,相邻花朵开放一般间隔2～3天。花生的花期较长,疏枝亚种为50～70天,密枝亚种为60～90天,甚至到收获时仍有花开放。早熟连续开花型品种在开花10～20天后进入盛花期,晚熟交替开花型品种在开花20～30天或更长时间后进入盛花期。一些晚熟蔓生品种盛花期不明显,生育期内可出现多个开花高峰期。春播花生单株开花数为50～200朵,其中交替开花型品种开花数多于连续开花型品种,晚熟品种多于早熟品种。花生开花适宜温度为23～28 ℃,土壤相对湿度为60%～70%,弱光不利于开花。果荚形成后开花会明显减少,如不断摘果会延长开花期。

（五）果针

1.果针的形态与生长

胚受精后3～6天即可见子房柄向下延伸,子房柄连同顶端子房合称"果针"。果针表皮含有花青素,果针皮层最外层细胞含有叶绿体,果针暴露在日照下的部分呈紫绿色。果针的表皮细胞木质化,头部呈帽状,作用及形态似根冠,可保护果针入土。果针入土后会吸收水分和养分。果针兼具茎和根两个器官的特点,果针的地上部分表皮光滑,呈紫绿色,具有茎

的特性;地下部分没有花青素和叶绿体,并着生根毛类似物,与根很像。果针伸长入土的过程称为"下针"。

2.影响果针形成和入土的因素

花生花的成针率为30%~70%,早熟品种的成针率为50%~70%,晚熟品种的成针率一般在30%以下。前期花成针率高于后期花,下部花成针率高于上部花。果针形成的最适温度为25~30℃,最适宜空气相对湿度为50%~80%,当空气湿度低于50%时,花粉干枯,受精率明显降低,进而影响果针的形成。果针能否顺利入土,主要取决于果针的穿透能力、果针着生部位的高低和土壤的板结程度等。一般而言,珍珠豆型品种果针可深入地下3~5厘米,普通型为4~7厘米,龙生型有些品种为7~10厘米。0~30厘米土壤含水量在60%~70%,植株生长旺盛,土壤松软程度适中,有利于果针入土。

六 荚果

1.荚果的形态特征

花生果荚内生有荚果。果针入土4~6天,深入土壤3~10厘米后,子房开始膨大。此时果荚为白色,腹缝线朝上,果壳上可见多条纵脉,并有很多小维管束相连,形成若干纵横支脉。果壳脉纹的深浅在品种间差异很大,同时也受土壤环境影响。成熟的果荚呈现出固有的黄色,果壳坚硬,花生成熟后果壳不开裂,多数果荚为两室,但常有一室或多室存在。各室间没有横隔,但室间有缢缩,又称"果腰",缢缩深浅在品种间差异较大。果荚的先端突出,称为"果喙",其形状可分为钝、微钝和锐利三种。荚果形状因品种而异,大体可分为普通形、斧头形、葫芦形、蜂腰形、蚕茧形、曲棍形和串珠形7种,如图1-4所示。

由于花生开花的特性和果针入土的先后差异,同株不同部位的果荚成熟度差别亦较大。千克荚果数可以表征品种荚果的大小或轻重,平均

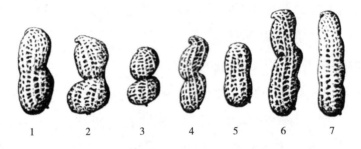

1—普通形；2—斧头形；3—葫芦形；4—蜂腰形；
5—蚕茧形；6—曲棍形；7—串珠形

图1-4 花生荚果形状示意图

千克荚果数的样本是随机抽取的包括饱果、秕果、单仁或多仁果的样品。除品种差异外，环境条件和栽培方式对千克荚果数的影响也很大，所以通常以某品种饱满双仁荚果的百果重（单位：克）来表示品种正常发育的典型荚果大小。百果重主要是品种的特征，受环境条件影响也会有差异。荚壳厚度因品种而异。一般而言，珍珠豆型品种荚壳较薄，荚壳重占果重的25%～30%；普通型品种荚壳较厚，荚壳重占果重的30%以上。发育良好、果仁充实饱满的荚果，千克荚果数少，荚壳重占果重百分比小，出仁率（果仁重占荚果重的百分比）也高。

2.荚壳的结构特征

荚壳由子房壁发育而来，由外果皮、中果皮和内果皮组成。外果皮含表皮和周皮层，中果皮含薄壁细胞、纤维层和维管束，内果皮由内薄壁细胞及内表皮组成。内薄壁细胞在果荚发育初期很厚，占据了果荚主要空间，是光合作用产物的储存场所。随着果荚的发育，内薄壁细胞光合作用产物逐渐向果仁转移，其自身干缩变形成膜状。中果皮薄壁细胞随着果仁成熟也日益干缩。随着果荚的发育，中果皮纤维层日益木质化，并逐渐由白转黄；内果皮也随着果荚发育，由全白逐渐出现褐色或深褐色斑块。总之，在果荚发育成熟的过程中，荚壳逐渐变薄、硬化，荚壳网纹逐渐清

晰,内含物质逐渐向果仁转移,颜色由白色逐渐变为暗黄(饱满果荚略带暗青色)。

（七）种子

1.种子的形态特征

花生种子通常称为"花生米""花生仁",着生在果荚的腹缝线上。成熟种子一般在子叶端圆钝或较平,在胚端较尖。大体可将种子形状分为三角形、桃圆形、圆锥形、椭圆形和圆柱形5种,如图1-5所示。种子形状在品种间差异较大,基本受果荚形状制约,同时又受到栽培条件的影响。一般而言,普通型品种的种子多呈椭圆形,较细长;珍珠豆型品种的种子多呈桃圆形,短而圆。

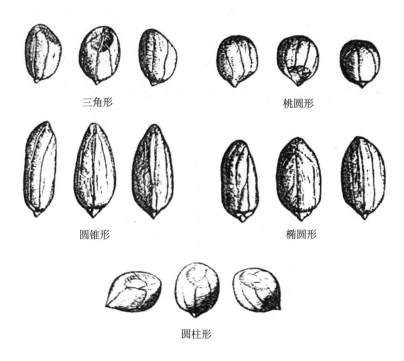

三角形　　　　　　　桃圆形

圆锥形　　　　　　　椭圆形

圆柱形

图1-5　花生种子形状示意图

种子的大小在品种间差异很大,主要取决于遗传因素,但栽培条件对种子大小也有很大影响。通常以饱满种子的百果重作为表征花生种子大小的指标,百果重大于80克的品种为大粒品种,百果重在50~80克的品种为中粒品种,百果重低于50克的品种为小粒品种。另外,在实际生产中用每千克果仁数来表征大批量收获产品种子的实际大小,该指标主要受种子成熟度及栽培条件影响,并作为产量构成因素的重要指标之一。适宜的环境和良好的栽培条件有利于荚果的充实饱满。成熟度好的种子养分含量较多,种子活力强,出苗好,且成苗率高。未成熟的种子油脂含量少,糖和游离脂肪酸含量相对较高,播种后吸水力强,发芽快,但由于养分相对缺乏,发芽率往往较低,苗势相对较弱。在两室果荚中,通常前室种子(又称"先豆")较后室种子(又称"基豆")发育晚、重量轻。

花生种子由种皮和胚两个部分组成。胚分为胚根、胚轴、胚芽和子叶四个部分,如图1-6所示。花生胚乳在种子发育过程中被消耗而逐渐将营养物质转移到子叶中,成熟种子偶尔在胚芽上方可见一薄膜状胚乳印迹。种子尖端部分种皮表面可见白痕,称为"种脐"。

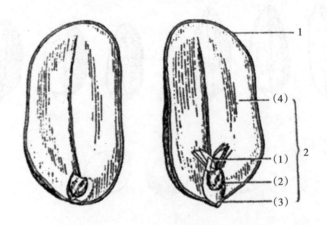

1—种皮;2—胚;(1)—胚芽;(2)—胚轴;(3)—胚根;(4)—子叶

图1-6 花生种子构成示意图

种皮由珠被发育而来,共分为三层:外表皮具有色素;中间层为若干层薄壁细胞,在种子成熟后被挤扁;内表皮在种子成熟后因品种的不同会呈白色或金黄色。有些品种的外表皮已裂开,呈白色裂纹状,影响种子外观,易受黄曲霉菌侵染。种皮裂纹与种皮结构有关,也与花生生育后期土壤干湿变化等环境条件有关。花生种皮颜色(以晒干新剥壳的成熟种子为准)大体有白、粉红、褐、紫、紫黑、黑红、红白相间和紫白相间等,多数品种具有粉红色种皮。种皮颜色受环境影响很小,可作为区分花生品种的特征之一。种皮能对果仁起到很好的保护作用,可有效防止微生物侵染和重金属毒害。有研究表明,种皮在防止黄曲霉菌侵染方面有重要作用,种皮表面蜡质均匀厚实、细胞排列紧密、透性低、种脐小的品种具有较强的抗黄曲霉菌侵染特性。

胚的各部分由受精卵发育而来。花生的两片子叶特别肥厚,呈乳白色,有光泽,并富含脂肪、蛋白质等营养物质,重量占种子重量的90%以上。子叶能为种子萌发提供营养,子叶的大小及出苗后是否完整对幼苗长势的强弱及最终产量都有重要影响。因此,选用一级大粒健全的种子,是培育花生壮苗和取得高产的基础。胚芽呈白色,由1个主芽和2个子叶节侧芽组成。主芽发育成主茎,子叶节侧芽发育成第一对侧枝。成熟种子内,主芽上可见2片幼小真叶和3片真叶原基;两个侧芽上各具1~2片鳞叶、1片幼小真叶和2~3片叶原基。在鳞叶叶腋内有1~2个二次芽原基。胚根突出于两片子叶之间,呈短喙状,将来会发育成主根。胚根与子叶节之间为下胚轴。

2.种子的休眠特性

种子休眠是指具有生命活力的种子在适宜发芽条件下不能萌发的现象。种子休眠所需的时间称休眠期。不同类型的花生品种休眠期差异较大:交替开花型品种休眠期为90～120天,有些品种休眠期可在150天以上;连续开花型品种一般无休眠期或休眠期很短,这类品种花生若不及

时收获,种子会在土壤中萌发,易造成产量损失。

花生种子休眠的原因是受到种皮的阻碍和胚中生长调节物质的影响。珍珠豆型和多粒型品种花生种子的休眠与种皮障碍有关,这类种子未成熟时,荚壳和种皮通透性差,阻碍萌发,若种皮受到损伤,如被虫咬,则种子往往会早发芽;当种子成熟后种皮变干,通透性变好,种子即可发芽。因此,这类种子只要损伤种皮即可结束休眠期。普通型和龙生型花生种子的休眠除与种皮障碍有关外,主要受胚中发芽抑制物的制约,单纯通过破除种皮的方法不能使种子发芽,影响花生种子发芽的抑制物可能是脱落酸。据相关研究,用脱落酸处理已经结束休眠期的种子就能恢复种子休眠。成熟种子中,休眠性强的品种脱落酸等类似物质含量更高,同时,促进发芽的赤霉素含量较少。另外,随着贮藏时间的增长,脱落酸的含量逐渐减少,而乙烯释放能力逐渐提高。

▶ 第五节　花生生长发育特性

在实际生产中,通常按花生生育期的长短,将花生分为早熟(小于130天)、中熟(145天左右)和晚熟(160天以上)品种。花生具有无限生长的习性,其开花结实的时间很长,在开花后很长一段时间内,开花、下针、结果会连续不断地交错进行,这对花生生育期进行准确划分造成了一定困难。尽管如此,花生各个器官的发育及其生育高峰的出现仍具有一定的顺序和规律性。不同生育时期植株形态及干物质分配不断地发生变化,这些变化可以作为生育期划分的重要依据。目前,一般将花生生育期分为五个时期,即出苗期、幼苗期、开花下针期、结荚期和饱果期。

一 出苗期

1.种子发芽出土过程

花生从播种到50%的幼苗出土并且第一片真叶展开的时期为花生"出苗期"。出苗期的长短因品种和播种期而异,适期春播出苗期一般为10~15天,夏播一般为5~8天。度过休眠期的种子在适宜环境中会吸胀,此时不仅如表面所见种子吸水膨胀,而且种子内部也在进行剧烈的养分代谢活动。胚根随即突破种皮露出白色根尖,此过程又称"露白"。当胚根向下伸长1厘米左右时,胚轴便迅速向上伸长,将子叶和胚芽顶出地表。芽苗见光后,下胚轴停止伸长,此时胚芽迅速生长,突破种皮,张开子叶,当第一片真叶展开时,即称为"出苗"。花生胚轴粗壮,发芽出苗时顶土的能力较强,但播种时如果覆土过厚,胚轴就难以将子叶顶出土表,着生在子叶节上的第一对侧枝生长就会受阻,这就会直接影响花生产量。因此,生产上要对花生进行"清棵"。

2.影响种子发芽的因素

影响花生种子萌发的因素主要有两个:一是内因,即种子自身活力;二是外因,即外界环境条件,主要有水分、温度和氧气等。

(1)种子活力。种子活力是指种子发芽的潜在能力,或者种胚所具有的生活力。种子活力强不仅发芽率高、出苗齐,而且幼苗健壮,抗逆性强,是获得花生高产的前提条件。种子活力与种子成熟度密切相关,完全成熟且饱满的种子含有丰富的营养物质,可以为种子的萌发及幼苗的健壮生长提供充实的物质基础;相反,成熟度差的种子,即使能够顺利萌发,但由于内含营养物质较少,幼苗长势往往较弱,抗逆性也差。因此,生产上应选用一级大粒饱满果仁做种子,这是保证一播全苗的关键。

(2)水分。水分是种子萌发所必需的养分。据测算,种子从萌发到出苗,需要吸收4倍于自身重量的水分。播种时,土壤含水量以田间最大持

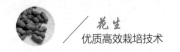
水量的65%～75%为宜。此时种子吸水和发芽快,出苗齐且健壮。当土壤含水量低于田间最大持水量的40%时,种子虽能萌发,但种子吸水、发芽以及发芽后的幼苗生长缓慢,并时常出现发芽后落干现象,出苗不齐,幼苗长势相对较弱。但土壤含水量过高,导致土壤通气性不足,同样会抑制种子萌发;并且过高含水量常伴随土壤温度过低,会抑制种子萌发,长期滞水亦会造成种子霉烂。

(3)温度。种子发芽需要一定的温度。虽然不同类型品种的最适宜发芽温度有所不同,但大体都在25～37℃。当温度高于40℃时,胚根发育受阻,导致发芽率下降;若温度继续升高至46℃,有些品种将不能发芽。一般而言,春播早熟品种要求土下5厘米地温维持在12℃以上,中晚熟品种要求土下5厘米地温维持在15℃以上。

(4)氧气。种子萌发时,需要将子叶储存的养分转化成胚生长发育的能量。伴随着剧烈的代谢活动,需要充足的氧气。土壤水分过多,或者土壤板结通气性不良,都会导致种子窒息,易造成烂种窝苗现象。在实际生产中,通常进行播前浅耕细耙保墒,若播后雨大应排水松土,以保证土壤透气性。

二 幼苗期

花生从50%的幼苗出土、展现第一片真叶到50%的苗株开始开花,同时主茎有7~8片真叶展开,这一时期称为花生"幼苗期"。早熟品种幼苗期通常为20～25天,中晚熟品种为25～30天。幼苗期的长短受温度影响较大,生长低限温度为14℃,适宜生长温度为26～30℃,需要高于10℃且有效积温在300～500℃幼苗才能正常生长。幼苗期是花生一生最耐旱的时期,适度干旱有利于增强花生抗旱能力和增产。幼苗期湿涝易造成地上部分徒长,并会抑制根系发育。幼苗期养分吸收量较小,根瘤也在形成阶段,应适时追施氮肥和磷肥,一方面促进根瘤发育,以利于后期固氮;另

一方面促进花芽分化,以增加有效花数。

1.幼苗期生育过程

幼苗期根系继续生长发育,侧根发生的次数和条数在不同类型花生品种间具有较大差异。直立型品种一般产生5次侧根,其中幼苗期可产生4次侧根。第5次侧根发生在花针期;至花针后期,侧根虽继续生长,但侧根发生次数不再增加。侧根条数在结荚末期达到峰值。匍匐型品种一般可发生7次侧根,其中前5次侧根发生在幼苗期,第六、第七次侧根发生在结荚期和饱果期。所以生育前中期,特别是幼苗期,是花生根系生长最关键的时期。一般而言,播种后22～66天,是花生根系生长旺盛期,尤其是加长生长较快,但增粗生长缓慢。

花生的茎枝生长与根系类似,也会产生数次分枝。一般密枝亚种有3~4次分枝,极少数品种会产生5次分枝。第一、第二条分枝是从子叶叶腋间长出的,对生,也称为"第一对侧枝",一般在出苗3～5天后长出,此时主茎第三片真叶展开。第三、第四条分枝由主茎第一、第二片真叶叶腋间生出,互生。此两条分枝由于距离极短,近似对生,所以又称"第二对侧枝",一般出苗15～20天后出现,此时主茎第五、第六片真叶展开。第一、第二对侧枝出生早,长势强,这两对一级分枝以及由其衍生出的二级分枝构成花生植株的主体,到产量形成时,其上的叶面积占全株绝大部分,也是花生结果的主要部位,结果数占全株的70%～80%。所以在生产上,要保证第一、第二对侧枝苗壮发育。当主茎第五、第六片真叶展开时,第三、第四对侧枝出现;当主茎第七、第八片真叶展开时,第五对侧枝出现。第一对侧枝长于主茎时,主茎节位开始现花。

2.幼苗期对环境的要求

(1)温度。花生幼苗期最适宜生长温度为20～22℃。当平均温度超过25℃时,苗期会显著缩短,茎枝出现徒长,基节拉长,不利于蹲苗。当平均温度低于19℃时,茎枝生长缓慢,花芽分化迟缓,始花期会推迟,形成"老

小苗"。

（2）水分。花生幼苗期需水量较小，约占全期需水总量的3.4%。此时期最适宜土壤含水量为田间最大持水量的45%～55%，适宜于花生生长的土壤含水量应不小于田间最大持水量的35%，否则新叶无法展开，花芽分化受到抑制；反之，当土壤含水量高于田间最大持水量的65%时，会引起地上部分徒长，基节拉长，根系发育缓慢，不利于花器官的形成。

（3）日照。每日最适宜日照时长为8～10小时。若日照时长大于10小时，会出现茎枝徒长、花期推迟的现象；若日照时长小于6小时，则茎枝生长缓慢，开花提前。

三 开花下针期

花生从50%的植株开花到50%的植株出现鸡头状幼果的时期，称为花生"开花下针期"（简称"花针期"）。这一时期花生植株大量开花、下针，也是营养体迅速生长的时期。但是花针期还未达到植株干物质累积的最盛期，叶面积系数一般也没达到最高峰。在水肥条件较好的情况下，植株仍比较矮小，田间还未封垄或刚刚封垄。中熟品种春播花针期为25～30天，夏播为20～25天；早熟品种春播花针期为20～25天，夏播为17～20天。

1.开花下针期生育过程

此时期花生根系增粗迅速，干重也随之迅速增加，大批有效根瘤在此时期发育形成，根瘤的固氮能力迅速提升，开始向植株提供大量氮肥。第一、第二对侧枝陆续分生二次分枝，枝条生长迅速。主茎已展现12～14片真叶，叶片加大，叶色转淡，光合作用增强。第一对侧枝8节以下的有效花全部开放，单株开花数达到峰值，占全株总花数的50%以上。研究发现，花芽分化的过程与主茎叶龄有关。一般而言，连续开花型品种在主茎展现7或8片叶时开始开花，交替开花型品种在主茎展现8~9片叶时开始开花。花生单株开花数在品种间的变异幅度很大。高产花生的开花数以75～

100朵为宜,开花多而分散的品种空针多,饱果少,产量较低。一般交替开花型品种比连续开花型品种的开花数多,晚熟品种的开花数也多于早熟品种。开花数受栽培条件影响很大,有研究表明,栽培密度加大对单株前期花数影响较小,但对中后期花数影响很大,常导致盛花期提前。初花期若遇短期干旱、低温或长日照,也会减少开花数,导致盛花期推迟。

花生的胚珠受精后,胚乳核细胞立即开始分裂,形成多核胚乳。而受精卵会经历24小时的休止期,再开始分裂,经3次分裂,形成8个细胞的球形胚。此时位于子房基部的子房柄居间分生组织开始分裂,并且新生细胞不断伸长,在开花3～6天后即可长成肉眼可见的果针,即子房柄。果针具有向地生长的特性,果针形成后,先水平生长,不久后弯曲向地生长,入土。在果针迅速生长及入土期间,原胚(胚细胞和胚乳核)暂时停止发育。果针在入土达一定深度后,会停止生长。此时原胚恢复有丝分裂,子房开始膨大,并以腹缝线向上的形态横卧,发育成果荚。在同一子房内,位于前端的胚发育慢于基部的胚发育,并经常有前部胚发育失败的情形,这也是形成单室花生的重要原因之一。花生有相当一部分花朵不能形成果针,据相关统计,花生的成针率,即果针总数占开花总数的百分比只有30%～70%。一般早熟品种成针率在50%～70%,晚熟品种的成针率在30%或30%以下。不同时期的花朵成针率也不同,前、中期形成的花朵,在适宜的条件下,成针率在90%以上,而中、后期形成的花朵,成针率不足10%。

2.开花下针期对环境的要求

(1)温度。此时期的最适宜温度为22～28℃,低于20℃或高于30℃开花数会明显减少,低于18℃或高于35℃花粉粒不能萌发,花粉管不伸长,胚珠不能受精或受精不完全,叶片光合作用效率会显著下降。

(2)水分。此时期的需水量迅速增加,耗水量约占总耗水量的21.8%。0～30厘米最适宜土壤含水量为田间最大持水量的60%～70%。若土壤含

水量低于田间最大持水量的40%,叶片会停止生长,果针生长放缓,茎枝基节的果针可能因土壤板结而难以入土,入土的果针也可能会停止膨大。相反,若土壤含水量大于田间最大持水量的80%,则茎枝徒长,并可能会因土壤通气不畅,导致烂果、根瘤菌增生和固氮能力锐减。此外,空气湿度对果针生长影响也很大,当空气相对湿度为100%时,果针日伸长长度为0.62~0.93厘米;当空气相对湿度为60%时,果针日伸长长度仅为0.2厘米;当空气相对湿度低于50%时,花粉干枯,受精率明显下降。

(3)日照。此时期花生最适宜日照时长为6~8小时,超过9小时或低于5小时都会降低开花数。另外,日照强度对花生开花影响也很大,同时影响叶片光合作用效率。

（四）结荚期

花生从50%的植株出现鸡头状幼果到50%的植株出现饱果的时期称为花生"结荚期"。这一时期主茎展现16~20片真叶,是花生营养生长和生殖生长并盛期,此时期根瘤的固氮与供氮能力达到峰值,叶面积系数、冠层光截获率、群体光合强度和干物质累积量均达到峰值。

1.结荚期生育过程

花生果针入土一定深度后即停止生长,子房随之膨大,果荚开始发育。早熟小粒品种从果针入土到荚果成熟需要50~60天,大粒品种需要60~70天。整个过程可大致分为两个时期。前一个时期为荚果膨大期,需30天左右,该时期主要表现为荚果体积迅速膨大,到这一时期结束时,荚果体积达到最大值。据相关研究,中熟大粒品种在果针入土7~10天即可形成鸡头状幼果,10~25天体积增长最快,25~30天荚果体积达到最大,此时荚果也被称为"定型果"。定型果果荚的木质化程度较低,荚壳网纹特别是前室网纹尚不明显,表面光滑,大多呈白色或略显黄色,果荚幼嫩多汁,含水量高,一般为80%~90%,果仁刚开始形成,内含物以可溶性糖

为主。在正常条件下,前期有效花形成的幼果多数可以形成饱果,约10%的定型果充实为饱果。此时期所形成的荚果数约占总果数的80%,果重增长量占总量的40%~50%。

2.开花下针期对环境的要求

结荚期养分吸收量最大,此时期吸收的氮、磷分别占全生育期总量的60%和70%左右,干物质累积量占总量的50%~60%,其中50%~70%转运到营养器官中,所以该时期是花生生殖生长和营养生长的重要时期,应注重田间管理,满足此时期花生的水肥需求。此外,该时期田间气温较高,叶面蒸腾量大,耗水量也最大,耗水量约占全生育期的50.5%。该时期要求土壤含水量为田间最大持水量的65%~75%,并应避免含水量过高或过低,土壤含水量大于田间最大持水量的85%易造成烂果,土壤含水量低于田间最大持水量的30%则会造成果粒败育,荚果不能充实。结荚期对温度要求较高,花后30~60天气温与产量呈显著正相关关系。此时期日照不足也会显著减轻果重,影响产量。

五 饱果期

花生从50%的植株出现饱果到大多数荚果成熟饱满称为花生"饱果期"。饱果期一般为30天左右,主茎鲜叶保持在4~6片。该时期主要是荚果干重迅速增长,果仁充实,荚果体积不再增大,是果重增加的主要时期。该时期营养生长衰退,根瘤菌固氮能力迅速减弱,根系老化,吸收水肥能力大幅减弱,叶片渐黄并脱落,叶面积系数降低,光合作用效率降低,干物质积累变慢,茎叶累积的养分大量向荚果转运。

1.饱果期生育过程

该时期荚壳的干重、含水量和可溶性糖含量都逐渐降低,种子中的油脂、蛋白质含量逐步提高。油脂中油酸含量以及油酸与亚油酸的比值逐渐提高。游离脂肪酸、亚油酸、游离氨基酸的含量不断下降。果针入土后

20~25天和50~55天是果重增加最快的时期,之后增重速率减小;入土65天左右,荚果干重和果仁油分基本稳定,此时荚壳逐渐变硬,网纹开始明显清晰,种子体积不断增加,种皮变薄,呈现品种本色。饱果期花生主茎停止生长,中下部叶片大量脱落,落叶率为60%~70%,仅有30%~40%的叶片保持光合作用,根系活力锐减,根瘤老化,固氮停止。此时期花生主茎营养吸收及生长均停滞,是将养分从营养器官转入荚果的重要时期。

2.饱果期对环境的要求

此时期在气温低于20℃时,地上部分茎枝易枯萎,叶片易脱落,光合作用产物向荚果转运的功能期缩短,影响产量。若结实层地温低于18℃,则荚果生长停滞。如果气温和结实层地温高于上述界限,则营养体功能期延长,荚果产量将会显著增高。由于根系和地上部分功能衰减,蒸腾量和耗水量明显降低,此时期耗水量约占总耗水量的18.7%。此外,荚果发育需要良好的通气条件,因此土壤含水量应维持在田间最大持水量的40%~50%。土壤含水量大于田间最大持水量的60%,荚果果仁充实减慢;土壤含水量低于田间最大持水量的40%,根系易衰老,叶片较早脱落,茎枝易衰,影响荚果的正常成熟。

饱果期是花生产量形成的关键期,需要维持营养体生长的势头,既不能让营养体迅速衰老,也不能让营养体长势过旺。营养体过早衰老会影响冠层干物质的积累,导致荚果充实速度过慢且时间变短,造成产量低下。一般干旱、土壤肥力不足或病害严重常会导致营养体早衰。但营养体在饱果期没有明显衰退迹象,茎叶仍保持一定的生长势头,冠层叶面积大,会导致干物质往荚果的转运量大幅减少,同样会导致低产。一般生育后期水肥过多或地下荚果受病虫侵害严重时易引起此种现象。饱果期较理想的状况是营养体缓慢衰退,既能保持一定的叶面积和较高的生理功能,产生较多的干物质,又能将所产生的干物质主要用于充实荚果,形成产量。这也是实际生产中在花生生育后期进行保叶增产的原因。

第六节　花生水肥需求规律

　　花生是对营养元素需求量较多的作物,氮、磷、钾、钙被称为"花生四大元素",与花生生长发育密切相关。花生耐瘠能力强,但要想提高花生产量,科学施肥是重要措施之一。为了保证花生的优质高产,提高施肥效益,花生施肥应遵循以有机肥料为主、以化学肥料为辅,以基肥为主、以追肥为辅,氮、磷、钾、钙与其他中量、微量元素肥料配合施用的原则,充分发挥施肥对花生的增产潜力。

一　花生需肥规律

(一)营养需求

1.矿物质营养

　　(1)氮素营养。花生对氮的需求量大,是谷类作物的两倍。氮素主要参与蛋白质、叶绿素、磷脂等含氮物质的合成,能促进花生枝繁叶茂、多开花、多结果,以及荚果饱满。氮素缺乏,花生叶色会呈淡黄色或白色,茎色发红,根瘤减少,植株生长不良,产量降低。但氮素过多,又会出现徒长倒伏现象,也会降低花生的产量及品质。

　　(2)磷素营养。花生对磷的反应非常敏感,增施磷肥的增产效果显著,土壤磷素含量是影响花生产量的重要因素。磷素主要参与脂肪和蛋白质的合成,促使种子萌发生长,促进根系和根瘤的生长发育,同时能增强花生的幼苗耐低温和抗旱能力,促进开花受精和荚果饱满。缺乏磷素就会造成氮素代谢失调,花生植株生长缓慢,根系、根瘤发育不良,叶片呈红褐色,晚熟且荚果不饱满,最终导致花生产量降低。

　　(3)钾素营养。钾素参与花生各种生理代谢,可提高光合作用强度,能加速光合产物向各器官转运,并能抑制茎叶的徒长,延长叶片寿命,增强

植株的抗病及耐旱能力,同时也能促进花生与根瘤的共生关系。缺乏钾素会使花生体内代谢机能失调,叶片呈暗绿色,边缘干枯,妨碍光合作用,影响有机物的积累和转运。

(4)钙素营养。钙素能促进荚果的形成和饱满,减少空壳率,提高饱果率。同时钙素能调节土壤酸碱度,改善花生的营养环境,促进土壤微生物的活动。缺乏钙素会导致花生植株生长缓慢,空壳率高,产量低。

花生对各种微量元素的需求量均不大,但是微量元素对花生的生长却很重要。钼有利于蛋白质的合成和根瘤菌固氮;铁能参与氧化还原反应和叶绿体蛋白质的合成,缺铁会导致叶绿素不能形成,新生叶片呈现白色,茎叶生长受到抑制;锰能促进茎叶健壮,增加植株的抗寒力;硼能促进花生对钙素的吸收,并对输导系统和受精结果有重要影响;硫也是参与蛋白质合成的元素之一,缺硫会导致花生叶片色泽暗淡,甚至变白。

2.养分管理

花生耐瘠能力较强,施用少量肥料即可获得产量。为了保证花生的优质高产,应提高施肥效率。花生施肥应以有机肥料为主、以化学肥料为辅,以基肥为主、以追肥为辅。追肥以"苗肥为主,花肥和壮果肥为辅,氮、磷、钾、钙配合施用"为基本原则。

宜采取有机肥料和无机肥料配合施用方法,并取长补短、缓急相济,以充分发挥肥料对花生的增产潜力。有机肥料含多种营养元素,特别是微量营养元素的重要来源,并且肥效持久。有机肥料施入土壤后,经微生物分解可释放各种养分供花生吸收利用,还能不断地释放出二氧化碳,改善花生的光合作用环境。有机肥料在土壤中形成的腐殖质具有多种较强的缓冲能力,分解产生的各种有机酸和无机酸可促进土壤中难溶性磷酸盐的转化,进而提高磷的有效性。有机肥料是土壤微生物的主要碳素能源,能促进微生物的活动,特别有利于根瘤菌的增殖,增加其活力,从而增加花生的氮素供应。有机肥料的作用是化学肥料不能代替的。但有机肥料所含养分大多是有机态,养分含量低,肥效迟缓,肥料中的养分当季利用率低,在花生生长发育盛期不能及时满足养分需求。化学肥料具有养分含量高、肥效快等特点,可弥补有机肥料的不足。此外,还要注意大量元素与中量、微量元素肥料的平衡使用。

(二)需肥特性

1.花生需肥量

花生是对氮、磷、钾、钙等营养元素需求量较多的作物。氮、磷、钾、钙被称为"花生四大元素",花生每生产100千克荚果,要吸收氮5~7千克、磷1~1.5千克、钾3~4千克、钙2.5~3千克。氮、磷累积有60%以上在荚果中,随着产量的提高,每生产100千克荚果需要的氮、磷元素的量也会增加。

2.花生不同生育时期的养分累积与吸收

(1)不同生育时期植株养分累积。随着生育时期的推进,花生植株氮、磷、钾元素的累积量逐渐增加,到收获时期累积量达到最大值。不同生育时期植株对养分的累积量不同:苗期植株对氮、磷、钾的累积量较少,此后植株对氮、磷、钾的累积量明显增加,结荚期累积量增加最为显著。不同时期植株均以累积氮最多,钾次之,磷最少。

(2)不同生育时期养分在各器官中的累积。苗期氮主要分配在叶和茎中,根的分配量最少。花生植株全株氮累积总量随着生长时间的增加而不断增加。其中,根和叶的氮累积量在花针期达到最大值,随后逐渐减少;茎的氮累积量在饱果期达到最大值,随后逐渐降低;荚果对氮的累积量在成熟期达到最大值。从花针期到成熟期氮素在根、茎、叶中的累积逐渐减少,而在荚果中分配的比重逐渐增加。花生植株全株磷累积总量随着生物量的增加而不断增加,根、叶的磷累积量在结荚期达到最大值,随后逐渐减小,茎和荚果的磷累积量在成熟期达到最大值。花生植株全株钾累积总量随着生长时间的增加不断增加。根和叶的钾累积量在花针期达到最大值,随后逐渐减小;茎和荚果对钾累积吸收量均在成熟期达到

最大值。

花生植株对氮、磷、钾的吸收量在结荚期至收获时最多,结荚期至饱果期是花生养分吸收的高峰期。在实际生产中应根据花生不同生育时期的需肥特性来合理安排施肥,确保花生生长后期的养分需求,以增加花生产量。

(三)根瘤固氮

根瘤菌能固定空气中游离态氮,供给植株氮素营养。一般每亩花生可固定氮素2.5~5千克,其中2/3供给花生自身生长需要,1/3残留在土壤中。花生在地生长过程中,主茎出现4~5片真叶时开始形成根瘤,瘤体直径为3~4毫米,呈圆形单个着生。

适宜根瘤菌繁殖的温度为18~30 ℃,水分为田间最大持水量的60%左右,pH 为5.5~7.2。土壤中硝酸态氮肥过多时,对根瘤菌固氮有抑制作用,故在花生生长初期应适当控制氮素的施用。增施磷、钾、钙肥能促进根瘤菌繁殖及提高固氮能力。

二 花生需水规律

(一)需水特性

花生是耐旱作物,主要原因是:其根系发达,吸水能力强;遇到干旱时,叶片气孔并不完全关闭,即使在叶片萎蔫时仍保持一定的光合作用能力;叶片有巨型贮水细胞,较能适应干旱环境。花生具有较强的恢复能力,干旱后水分供应一旦正常,便能快速恢复到原来的生长水平。因此花生比一般旱作物表现出较强的耐旱性,它能忍耐的土壤含水量为田间最大持水量的40%。

花生是不耐渍的作物,全生育期都要速排明水、滤暗渍,使土壤含水量不高于田间最大持水量的80%。花生耗水量与群体、产量、品种以及环境条件和栽培管理措施等有密切关系。

花生的需水量是其生长过程中叶片蒸腾和地面蒸发水量的总和。花生的需水量,因生育时期及外界环境的不同而不同,总趋势是"两头少、中间多",即幼苗期、饱果期需水较少,开花期、结果期需水多。一般来说,花生在需水量较少的时期,耐涝性差;在需水量较多的时期,耐旱性差。花生的需水量远较玉米、小麦、棉花等作物为少,是耐旱性较强的作物。

1.播种至出苗阶段

这一阶段温度较低,土壤蒸发量较少,因而耗水量少,此阶段花生的需水量占全生育期的3.2% ~ 7.2%。此阶段虽然需水量不大,但要求土壤必须具有足够水分,以保障种子顺利发芽出苗。这一时期播种层的土壤水分以维持在田间最大持水量的60% ~ 70%为宜,如果低于田间最大持水量的40%,种子易落干,造成严重缺苗;如果超过田间最大持水量的80%,则土壤中水分过多,空气减少,妨碍种子萌发时的正常呼吸,容易引起烂种,影响全苗。

2.齐苗至开花阶段

这一阶段需水量不多,只占全生育期总需水量的11.9% ~ 24%。在这一阶段,中熟大果花生要求的较适宜水分为田间最大持水量的50% ~ 60%,而早熟花生以田间最大持水量的50%左右为宜。如果土壤水分低于田间最大持水量的40%,会导致花生根系生长受阻;如果土壤水分高于田间最大持水量的70%,会导致根系发育不良,地上生长加快,节间伸长,结实率降低,影响产量。

3.开花至结荚阶段

这一阶段是花生营养体生长的旺盛期,叶面积最大,茎叶生长速度最快,是大量开花下针、大量形成荚果的阶段,同时也是花生生育期中需水量最多的阶段。此阶段中熟大果花生需水量占全生育期总需水量的48.2% ~ 59.1%,早熟花生需水量占全生育期总需水量的52.1% ~ 51.4%。

4.饱果成熟阶段

这一阶段以荚果生长为主,对水分的消耗减少。这一阶段中熟大果花生需水量占全生育期需水量的22.4%~32.7%,早熟花生的需水量占全生育期需水量的14.4%~25.1%。这一阶段,土壤水分以保持田间最大持水量的50%~60%为宜。如果土壤水分低于田间最大持水量的40%,会严重影响荚果的饱满度,导致花生减产。值得特别指出的是,中熟大果花生在这一阶段的中后期如果遇旱,花生荚果产量会受到较大影响。饱果成熟阶段被认为是需水关键阶段之一。但此阶段土壤水分也不宜过高,若超过田间最大持水量的70%,同样不利于荚果发育,甚至会造成大量荚果霉烂变质;休眠期短的品种,土壤水分过高还会造成大量荚果在土中发芽,丧失经济价值,降低产量。

(二)田间需水量

据相关统计资料,珍珠豆型早熟品种亩产200千克时,全生育期需水量为120~170立方米,平均生产100千克需水60~85立方米。普通大果花生每亩产量为150~175千克时,全生育期需水量为210~230立方米,相当于315~345毫米的降水量;当亩产量为250千克时,需水290立方米左右,相当于435毫米的降水量。花生各生育阶段需水情况如表1-4所示。

表1-4 花生各生育阶段需水情况

花生类型	生育阶段	阶段天数占全生育期天数百分比/%	阶段需水量占全生育期需水量百分比/%	阶段日平均需水量/(米³/亩)
北方春播普通型晚熟大果花生	播种—出苗	7.1~13.1	4.1~7.2	1.39~1.68
	出苗—开花	21.6~26.0	11.9~24.0	1.28~2.28
	开花—结荚	36.7~40.3	48.2~59.1	3.37~4.49
	结荚—成熟	26.6~33.8	22.4~32.7	1.93~3.35
南方春播珍珠豆型早熟中、小果花生	播种—出苗	5.9~15.3	3.2~6.5	0.55~0.57
	出苗—开花	22.9~25.2	16.3~19.5	0.68~1.20
	开花—结荚	38.9~43.7	52.1~61.4	1.33~2.11
	结荚—成熟	22.9~25.2	14.4~25.1	0.82~1.37

(三)水分管理

花生全生育期需水量较大,降水量通常不能满足高产的要求。花生对水分敏感,旱、涝对其造成的危害均很大,水分过多影响土壤通透性、结果和充实性能,并会造成花生发芽烂果。在实际生产中,花生的产量往往取决于降水量。

足墒是指土壤含水量为田间最大持水量的60%~70%。足墒播种花生地块,幼苗期一般不需要浇水,且适当干旱有利于花生根系发育,以提高植株抗旱耐涝能力;也有利于缩短第一、二节间,便于果针下扎,提高饱果率。幼苗期可适度干旱,土壤含水量可保持为田间最大持水量的40%~50%,俗称"燥苗"。

生育中期(包括花针期和结荚期)是花生对水分反应最为敏感的时期,也是花生生育期中需水量最多的时期,此时期干旱对花生产量影响较大。当植株叶片中午前后出现萎蔫时,应及时浇水。花针期(土壤含水量保持为田间最大持水量的70%)、结荚期(土壤含水量保持为田间最大持水量的60%)保持适宜水分,可防止干旱并湿花、润荚。

生育后期(饱果期)遇干旱应及时小水轻浇润灌,防止植株早衰及黄曲霉菌侵染。灌水不宜在高温时段进行,否则容易引起烂果。饱果期应保持适宜水分并防旱、防涝(保持田间最大持水量的50%)。

土壤水分降为田间最大持水量的50%以下,植株顶部复叶的小叶片在晴天中午自动成对闭合,且预计近日无雨时,就要抗旱灌溉,尤其是盛花阶段速灌的增产效果最好。灌溉方式以喷灌或小水浸润沟灌为宜。

▶ 第七节　影响花生产量的因素

近年来,全球花生总产量趋于稳定,但全球花生总消费量却在逐年增加。花生消费集中在中国、印度、尼日利亚、美国、印度尼西亚等国家。我

国是全球最大花生消费国,其消费量约占全球的39%,远高于第二消费大国印度的11.5%。我国花生消费一半用于榨油,一半用于食用。当前我国油料自给率较低,花生种植面积的扩大存在与同季其他粮油作物争地的矛盾。因此,通过提高单产来进一步增加花生产量是保证我国花生持续供应的有效途径。

随着花生品种的更新和栽培技术的创新,花生的产量水平得到不断提高。我国一直重视花生高产育种和高效花生生产配套技术的研发。近年来,随着花生良种以及种子包衣技术的广泛应用,加上施肥水平、灌溉技术和机械化水平的提升,我国无论在花生单产还是在花生总产上都位居世界前列。

一 花生单产水平及高产潜力

1.世界花生单产水平

根据联合国粮食及农业组织相关统计数据,世界花生平均单产水平为112千克/亩,其中美国花生单产为285千克/亩,巴西花生单产为258千克/亩,分别位列第一、第二;我国花生单产为253千克/亩,位列第三。阿根廷和埃及花生单产超过205千克/亩,越南和南非花生单产超过145千克/亩,其他国家花生单产水平均低于120千克/亩。

2.我国花生单产水平

我国花生单产水平是世界平均水平的两倍多,但仍有较大的提升潜力。从国内来看,花生单产水平区域间差异较大。根据国内统计年鉴数据,安徽、新疆、河南、山东、江苏、河北等省区花生单产水平均高于全国平均单产水平(253千克/亩),其中安徽、新疆、河南平均亩产超过300千克。我国花生产量区域间差异较大,提升空间较大。

3.花生高产潜力

花生高产潜力是指优良花生品种在其生长期内,在一定外界环境条

件下(如良好的土壤环境,适宜的温度,水肥供给充分且合理,无病虫草害影响等)所能达到的最高产量。

花生属于C₃型作物,但花生的光合作用效率很高,是单产水平最高以及高产潜力最大的油料和蛋白质类作物。田间花生群体的光能利用率约为5.4%,按产量形成期80天计算,光合作用产物按80%转运至荚果折算,可推测每亩最高产量约为1 153千克,是现有国内花生单产最高地区的两倍多。因此,通过品种的进一步优化,以及更加优化的配套栽培措施来实现花生产量跨越式提高在理论上是可能的。

山东、河南、河北等主要花生产区先后进行过多次花生高产攻关,先后培创了单产500千克/亩、600千克/亩和700千克/亩的花生高产纪录,并且很多地区实现上百亩成建制地块单产超500千克/亩。这些实践也进一步证实了花生高产的潜力巨大。

二　花生产量的构成

花生产量一般指单位面积内荚果的重量,由单位面积株数、单株荚果数和单果重三个基本要素构成。单株荚果数和单果重在品种间及环境间的变化幅度较大,是影响花生单产的重要因素。单株荚果数相对来说是产量的基础,如果单位面积荚果数不足,即使单果重再大也不会有很高的产量。

1.单位面积株数

单位面积株数是决定花生单位产量的主导因素,主要受播种量、出苗率和成株率的影响。播种量因品种、土壤、水肥而异,目前花生的播种量为2.0万~2.5万粒/亩;出苗率则受种子质量、播种期气候条件、土壤含水量和播种质量等因素影响,是单位面积株数的一个重要影响因素;成株率则主要受田间管理和气候条件的制约。

2.单株荚果数

花生单株荚果数变异幅度很大,影响因素也较多。单株荚果数除品种间差异外,受外界环境影响巨大,少则三五个,多则几十个,正常情况下单株荚果数为10~20个。幼苗期、花针期和结荚期的光、温、水、肥等条件都对花生单株荚果数有重要影响。一般第一、第二对侧枝的发育好,花芽分化以及受精结实正常,则单株荚果数多;反之,则单株荚果数少。

3.单果重

决定果重的因素主要是荚果果仁的粒数和果仁的重量。果重在果针入土、子房横卧后开始增加。果针入土后6~7天果重开始迅速增加,开始主要是果荚的干物质累积,果针入土30天后果荚重量不再增加,此时果仁重量不足果荚的一半。此后,果重增加缓慢,到40天时,果仁增重停止,果重也暂时停止增加;接着果仁重量迅速增加,果重再次迅速增加,直至果仁成熟,果重停止增加。影响果重的因素很多,在单株荚果形成过程中,饱果和双仁果以及影响它们形成的诸多条件,如下针的早晚、结荚期和饱果期的营养供应等都对果重有直接的影响。此外,果荚发育时外界气候条件也是影响果重的重要因素。

(三) 高产花生的特征

近年来,理想株型在各类作物中被频繁提及,并被认为是实现作物高产的前提条件。延长花生生长期,提高植株光合作用效率和增加光合作用产物向生殖体分配比重,是花生品种改良的方向。很多学者总结了高产花生叶片和株型的主要特征。

1.叶片特征

高产花生叶色深绿,叶绿素含量高,光合作用性能强。此外,叶片侧立,与茎枝所构成的夹角小于45°,从而使植株下部叶片也能得到充分的阳光辐射,提高光合作用效率。

2.株型特征

高产花生为直立疏枝型。营养分枝过多会导致群体透光性差,呼吸作用旺盛,消耗养分过多,从而导致单株生产力低下。因此,高产花生的单株分枝数不超过10条,结果枝数占总分枝数的90%以上。高产花生矮秆耐肥,矮秆耐肥可大幅提高花生生育后期的抗倒伏能力,同时防止花生徒长。另外,高产花生株型紧凑,加大种植密度,提高群体产量,有利于充分发挥土壤肥力及水肥管理的优势。

当然,高产花生的特征并非千篇一律。比如我国在实际生产中以直立型品种为主,美国以匍匐型品种为主且其单产水平远高于世界平均水平,也高于我国平均水平。其主要原因是美国选用的优良品种适宜当地气候,并辅以相应的先进生产配套措施。高产栽培措施是挖掘品种产量潜力的直接手段,需要充分利用自然资源、环境条件和科学技术。适时播种,确保一播全苗、壮苗,创造良好的土壤环境,选择适宜的播种密度和种植方式,合理调控叶面积系数,在增加总生物量的基础上尽可能地提高经济系数等,是目前提高花生单产水平及总产量最为有效的措施与途径。

四 影响花生产量形成的因素

花生的出苗期、幼苗期和开花下针期是花生营养器官的形成期。同时,开花下针期又是花生生殖器官的形成期。进入结荚期后开始形成经济产量,结荚期和饱果期是花生产量形成期。花生的产量取决于产量形成期的群体物质生产能力、物质分配系数以及产量形成期的长短。

1.群体物质生产能力

花生群体物质的生产能力可用花生群体生长率来表示。花生群体生长率的峰值一般出现在结荚期的前半段,高产花生的群体生长率为每平方米每天生长22～25克,并且在饱果期仍保持较高水平。群体物质产生能力与冠层光合作用能力密切相关,决定冠层光合作用能力的主要因素

是叶片的光合作用效率和光合作用面积。花生的光合作用效率相对较高,但品种间存在差异。一般普通型花生品种比珍珠豆型花生品种的光合作用效率高,但光合作用效率的高低与花生产量潜力并无必然联系。花生属于矮生、平展型作物,其叶片相对较小,并且可通过灵活摆动调整受光姿态,冠层的消光系数为0.75~1.1。花生最适宜叶面积指数的变化幅度为3~4.5。在幼苗期,花生封垄前,由于叶面积较小,小叶趋于平展,消光系数为1左右。花生叶面积指数只要达到3即可截获95%的光能辐射。封垄后,花生叶面积较大,小叶竖立,消光系数降为0.7~0.75,即使叶面积指数为4~4.5,冠层基部的小叶仍能获取一定的日照。理想的花生田叶面积指数的变化动态:花生结荚期前后冠层封垄,叶面积指数在3左右;以后平稳上升,叶面积指数最大值为4.5~5,疏枝亚种可提高至5.5;进入饱果期后,叶面积指数缓慢下降,但不低于3.5;到收获期叶面积指数仍能保持在2左右。

2.物质分配系数

光合作用产物分配到荚果中的比率即物质分配系数,是指某时期内荚果重增量与植株干重增量的比率。物质分配系数可以反映生殖生长与营养生长、库与源的关系。高产花生不仅具备较高的物质生产能力,还应具有较高的物质分配系数。目前,高产花生的物质分配系数为0.8~0.9。提高花生物质分配系数的有效途径是扩大库容,即提高花生荚果数和荚果大小。较理想的情况是,进入花生产量形成后期,已有足够的荚果发育,即已建立起强大的"产品库"。

3.产量形成期的长短

产量形成期的长短也直接影响花生的产量。在适宜的环境条件下,延长产量形成期是增加物质生产总量的有效途径。延长产量形成期,一方面可以促进早花,尽可能让花生提早进入产量形成期;另一方面,延长花生生育期,尤其在生育后期,保根、防止叶片早衰、延长绿色叶片功能期,

推迟产量形成期的结束。

▶ 第八节　影响花生品质的因素

花生的品质主要受品种特性、生态条件和栽培措施三个因素的影响。品种是决定花生品质的先决条件,但同一品种在不同的生态条件下或采用不同栽培措施其品质也会有显著差异。本节将重点介绍生态条件和栽培措施对花生品质的影响。

一　生态条件对花生品质的影响

1.温度

花生品质的高低在很大程度上取决于花生荚果的成熟度。花生生化品质的主要指标,如含油量、蛋白质含量、油酸与亚油酸比值等都与饱果率(即花生成熟度)有关。温度直接影响荚果的饱满度,进而对花生品质产生影响。据相关研究,花生初花期到饱果期需要高于15 ℃条件下的活动积温,早熟品种需要1 450 ℃总积温,中熟品种需要1 550 ℃总积温,晚熟品种需要1 640 ℃总积温。同时,荚果发育的最低温度是15 ℃,最高温度为35 ℃,在这一温度范围内,温度越高荚果发育越快。从果针入土到荚果成熟,中晚熟大粒花生需要高于15 ℃有效积温450 ℃(积温超过300 ℃可形成秕果,低于300 ℃则只能发育成幼果),同时需要高于10 ℃有效积温600～670 ℃。在一定温度(通常为30～37 ℃)条件下,荚果有效充实期短(俗称"成熟快"),单位面积结荚数少,平均果重小;温度在23～27 ℃时,荚果充实期长,单位面积结果数多,平均果重也大。因此,适宜的平均温度,可以延长荚果发育期,并有利于荚果产量的提升,同时提升花生品质。

花生油脂中油酸与亚油酸比值是花生耐贮藏性的重要指标。相关研究表明,油酸与亚油酸比值与温度直接相关,油酸与亚油酸比值与荚果

发育期平均气温和5厘米土层地温呈正相关关系。地膜覆盖可以显著提高地温,因此可显著提高油酸与亚油酸比值。通过对不同气候类型的花生样品饱满果仁的含油率进行测定,并统计相应的气象资料可发现,花生含油量与气温相关性不明显,但蛋白质含量随气温升高而增加。

2.日照

太阳辐射是光合作用的能量来源。日照强度和时长是花生品质的重要影响因素。研究表明,花生含油量与日照时长呈正相关关系,与降水量呈负相关关系。蛋白质和脂肪含量对气象因素的要求是相反的,利于蛋白质含量增加的气象因素不利于脂肪含量的增加。若花生生育前期高温、日照充足,后期多雨,则利于蛋白质含量的提高;反之,利于脂肪含量的提高。日照是影响脂肪含量的主导因素,温度、降水量都对蛋白质和脂肪含量产生影响。有关日照周期对花生品质影响的研究表明,与正常12小时日照相比,短日照对花生的脂肪酸含量、油酸和亚油酸含量,以及油酸与亚油酸比值并不会产生显著影响;但8小时日照会提高棕榈酸的含量。另外有研究表明,花生含油量与日照时长呈正相关关系,遮阴会显著降低花生粗蛋白质的含量。

3.土壤

不同的土壤质地和地力条件对花生品质有重要的影响。在壤土上种植花生有利于提高花生的蔗糖及总糖含量,但花生的油酸与亚油酸比值较低。在沙土上种植花生有利于提高油酸与亚油酸比值,而且蔗糖含量及总糖含量也较高。在黏土上种植花生不利于蔗糖和总糖的累积。施用有机肥料可以有效提高花生品质,研究表明,施用有机肥料和氮、磷、钾三元复合肥可以有效提高花生的蔗糖含量和总糖含量。但无论是施用有机肥料还是施用化学肥料,对花生的油酸与亚油酸比值影响都不大。

地力水平直接影响花生的产量,增施肥料不仅可以提高地力水平,确保花生高产稳产,还能显著提高花生品质。一般认为,花生是耐旱、耐贫

瘠的作物,但要获得高产、优质仍需要较高的地力水平和合理的水肥管理。相关研究表明,地力水平对不同品种的花生品质的影响不同。一般高产中熟品种对地力要求较高,果仁和荚果的产量随着地力水平的提高而增加,同时果仁的蛋白质含量、脂肪酸含量提高,但油酸与亚油酸比值有所下降。然而,地力水平对早熟耐贫瘠品种的产量影响不大,但地力水平较高会降低出仁率和果仁的蛋白质含量,同时提高这类品种的含油量以及油酸与亚油酸的比值。

因此,提高花生产量和改善花生仁品质需要因地制宜地选择适宜的花生品种。在地力水平高的地块应选用增产潜力大的中、晚熟品种,以提高蛋白质含量和亚油酸在脂肪中的百分比;如果需要提高油酸与亚油酸的比值,则应选用早熟耐贫瘠品种。在地力水平中等或偏低地块,选用早熟耐贫瘠品种可以提高果仁蛋白质含量和出仁率,选择中、晚熟高产品种则可以提高花生含油量和油酸与亚油酸比值。

二 栽培措施对花生品质的影响

同一品种花生在不同区域或采用不同的栽培措施,其果仁品质性状会有很大差异。影响花生品质的因素有很多,主要包括营养元素(如氮、磷、钾、硫、锌、钙、硼等)、气候因素(如日照、温度、降水等)、土壤环境(如土壤质地、持水特性等)、病虫害以及收获时期等因素。

1.播种

在田间栽培条件相同的情况下,花生仁品质春播比夏播好。相关研究表明,春播花生的脂肪酸含量比夏播花生高3.77%;春播花生的油酸与亚油酸比值比夏播花生高0.068;春播花生的粗蛋白质含量比夏播花生高0.77%;春播花生的氨基酸含量比夏播花生平均每百克提高1.02克,其中人体必需氨基酸含量平均每百克提高0.405克。

对花生覆膜栽培的研究表明,覆膜栽培的花生除脂肪含量比露地栽

培的低0.42%外,蛋白质含量、氨基酸总含量,以及油酸与亚油酸比值都有显著提高。覆膜栽培的夏播花生脂肪酸含量、粗蛋白质含量分别提高了0.504%和0.094%。但总糖含量下降了0.30%~1.56%,蔗糖含量下降了0.08%~1.4%,平均降幅分别为0.72%和0.55%。

花生是不适合连作的作物,但合理进行轮作可以有效提高花生品质。相关研究表明,花生轮作比连作油酸与亚油酸比值提高0.12,含油率提高1.69%,硬脂酸含量提高0.31%。但粗脂肪含量、粗蛋白质含量、氨基酸含量均无显著提高。

2.施肥

合理施肥是提高花生产量和改善花生品质的重要措施之一。花生所必需的营养元素达18种之多,它们在花生生长发育中都具有重要作用。

钾肥与花生蛋白质含量呈正相关关系,随着钾肥施用量的增加,花生蛋白质含量也增加,但脂肪含量会逐渐降低。相关试验表明,每公顷分别施用75千克、150千克、225千克钾肥,花生仁的蛋白质含量分别增加0.17%、0.29%和0.34%,脂肪含量分别降低0.3%、0.7%和0.79%。在磷、钾肥施用量相同的条件下,氮肥施用量的增加可以略微提升蛋白质和脂肪酸的含量。磷肥可以促进花芽分化,参与营养物质的代谢过程。增施磷肥可以延长花生产量的形成期,并可以增加植株的抗逆性,从而提高花生产量和品质。

硫肥可以提高花生产量和品质。盆栽试验结果表明,每千克土壤施用80毫克硫肥时,花生荚果产量比对照组增产17.4%,产量提升显著;同时花生品质也明显改善,花生仁蛋白质含量增加20.1%,脂肪酸含量增加21.5%,蛋白质和脂肪酸含量都比对照组显著增加。相关研究也发现,花生生育中期以前单株每天硫元素吸收量不断增加,直至花生生长高峰期后,花生硫元素吸收量逐渐减少,此时补施硫肥可以提高花生硫元素吸收量,硫元素吸收量比不施用硫肥高23.8%~61.9%。经测算,每100千克花生荚果需硫肥0.42千克。在花生下针期前植株内绝大部分硫元素集中在茎和叶片中,到成熟期有一半的硫元素被转运到荚果中,余下的硫元素近似均分在根、茎和叶中。有报道称,在碱性土壤中每公顷施用50千克硫肥可以提高花生蛋白质含量6% ~ 13.6%;盛花期施用硫肥虽对花生产量无明显促进作用,但可以提高花生仁蛋白质含量。土壤中硫元素缺乏,会减缓花生脂肪酸合成速率,导致花生仁脂肪酸含量降低,在贫瘠土壤中补施硫肥可提高花生仁脂肪酸含量0.8% ~ 6.2%。

钙肥对花生增产作用明显。在盆栽试验中,每千克土壤施用800毫克钙可比对照组增产48.9% ~ 55.9%。但过量施用钙肥,如每千克土壤施用钙肥3 200毫克则会显著降低花生开花数。同时钙肥的合理施用可以提高花生品质,每千克土壤施用钙肥50 ~ 1 600毫克,花生仁蛋白质含量均有不同程度的提升。当每千克土壤施用钙肥200毫克时,蛋白质含量增加7.1%,但过量施用钙肥,如每千克土壤施钙肥3 200毫克时,蛋白质含量下降明显。花生仁中蛋白质含量和脂肪酸含量变化相反,通常为了使花生仁蛋白质含量和脂肪酸含量均衡,建议每千克土壤施钙肥200毫克。此外,钙肥的施用可以增加花生仁的成熟度、发芽率和种子活力。

硼对花生品质影响较大。缺硼主要表现为花生生殖器官发育不正常,果荚、果仁上易滋生棕色圆斑,胚芽变黑。施用硼肥可以提高花生蛋白质和淀粉含量,在试验中比对照组分别提高13.61%和37.86%,脂肪酸含量提升不明显,约为1.30%。但一些试验结果却表明硼肥也能较大提升花生脂肪酸含量。例如,在水培试验中,每千克培养液含硼量为0.2毫克、0.4毫克和0.5毫克时,脂肪酸含量分别比对照组增加11.2%、11.1%和11.2%。但每千克培养液含硼量大于0.6毫克时,脂肪酸含量比对照组增幅显著下降。因而有学者认为,硼可以加速花生仁中可溶性糖向脂肪酸转化,有降糖增脂的作用。

铁、钼和锌也是花生必需元素。土壤中的铁含量与花生仁脂肪酸含量

呈正相关关系;钼可以提高花生仁中蛋白质含量,增施钼肥可以提高花生仁蛋白质含量约0.47%;锌也可以显著提高花生仁蛋白质含量,在试验中约比对照组提高11.3%。另外,有研究表明,用稀土浸种或开花期、结荚期喷施稀土对改善花生仁品质有一定作用;不同生育期施用稀土可使花生仁蛋白质含量提高1.4%~3.4%,脂肪酸含量提高0.7%~3.7%。

有机肥所含营养元素众多,增施有机肥不仅能促进花生生长发育,还能有效预防因各种营养素缺失而引起的花生减产和品质降低;同时,有机肥中的氨基酸和核酸降解物还是蛋白质的合成原料,对花生仁品质的提升具有较好的效果。相关研究也表明,在合理施用氮、磷、钾肥的基础上,适量增施有机肥可以使花生可溶性糖的转化率提高到87%,蛋白质和脂肪酸含量分别增加4.5%和3.6%。

3.灌溉

水分是影响花生品质的重要因素之一。目前有研究表明,花生成熟期持续干旱会导致花生易受黄曲霉菌侵染,严重影响花生的营养和品质,大幅降低花生商品价值。花生不同生育时期对水分的需求差异较大,不同生育时期的干旱程度对花生品质的影响也存在明显差异。幼苗期对水分需求量最少,此时期干旱对花生仁品质影响不大,甚至可略微提高花生仁的脂肪酸含量,同时幼苗期适度干旱还可以起到炼苗作用,利于根系健壮,可为后期花生生长打好基础。花针期干旱会对花生产量和品质造成较严重影响,干旱10天脂肪酸含量会减少1.04%,干旱20天脂肪酸含量会减少2.34%,干旱30天脂肪酸含量会减少3.86%,随着花针期干旱的持续,花生品质会越来越低。花生品质也会受灌溉水质的影响。

花生灌溉方式提倡滴灌,浇灌不利于花生品质的提升。另外,灌溉量对花生品质影响很大,前文提到干旱会导致花生蛋白质含量和脂肪酸含量降低,同时油酸与亚油酸比值也会降低;相反,过度灌溉会使土壤透气性差,抑制果针及果实生长发育,后期滞水易引起烂果。只有灌溉量适

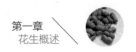

宜,土壤含水量在60%~70%,花生仁蛋白质含量、脂肪酸含量,以及油酸与亚油酸比值均能维持在较高水平,花生仁品质才最佳。

4.使用农药及生长调节剂

花生生长过程中所使用的农药及生长调节剂以除草剂、杀虫剂、杀菌剂和生长抑制剂为主。除草剂多用于花生封垄前的生育前期,在花生果仁中的残留有限,对花生仁的品质影响较小。控制花生虫害应避免使用剧毒高残留杀虫剂。可使用白僵菌来防控以蛴螬为主的地下害虫,使用BE-82灭蚜菌或苦参碱来防控苗期蚜虫,使用农抗120加无毒高脂膜来防控花生病害,达到减少农药使用量、降低农药残留率的目的。在抑制花生徒长方面,推荐施用烯效唑进行控制。

近年来,实际生产中常用DTA-6(化学名为2-N,N-二乙氨基乙基己酸酯)在花针期进行喷施,喷施溶液浓度为20毫克/升。DTA-6是一类新型广谱性植物生长促进剂,可以促进花生仁含油量的增加,而对游离氨基酸、蛋白质含量均有降低作用。在试验中,经DTA-6处理的花生仁比对照组蛋白质含量下降了0.55%,游离氨基酸含量下降了2.37%,但脂肪酸含量增加了1.10%,蛋氨酸含量增加了10.45%。DTA-6与丁酰肼相比,残留率低,且安全性大幅提高。

5.收获

花生是多次性开花结实、分批成熟作物,没有明显的成熟期,过早收获会降低果仁蛋白质含量和含油量,降低油分品质。因此,适时收获是保证花生优质高产的重要环节,并且收获后应快速干燥,减少黄曲霉菌侵染机会,贮藏时还需严格控制温度和湿度。在适宜收获期前后,即使相差2~3天,对花生品质也有显著影响,含油量最高可相差2.5%左右,可溶性糖和蛋白质含量分别会有2%、1%左右的差别。随着收获期的推迟,花生仁含油量的变化为两头低、中间高,蛋白质含量、油酸与亚油酸比值会逐渐增大。

花生在不同收获期品质不同的主要原因是果仁的饱满度和成熟度不同。同一品种,花生仁成熟度不同,品质也不同。一般将花生仁划分为三个等级,即成熟度好的一级花生仁、成熟度次之的二级花生仁和成熟度较差的三级花生仁。花生仁的含油量随着荚果饱满程度的增加而增加。

另外,花生秸秆富含蛋白质、脂肪酸和各种矿物质营养,而且适口性好,是很好的饲用原料。收获期对花生秸秆的质量和饲用价值也有很大影响。有研究表明,花生秸秆提前10天收获,刈割高度在3～7厘米,既可以不影响花生经济产量,又可以显著减少花生秸秆蛋白质、脂肪酸、B族维生素的损失,极大地提高饲草质量和饲用价值,进而能有效缓解优质青饲料供应不足问题。

第二章 花生优质高效栽培技术

花生高产潜力很大,需要从土壤、肥水、品种、生长调控及病虫害防治等多方面进行统筹,通过优化品种,做好水肥管理,采用适宜的增产技术,来实现花生高产稳产。

▶ 第一节　花生品种的选择

前文介绍了花生的植物学分类及其他一些分类方法。这些分类方法按照某些特性将花生进行了归类,为花生生产上的品种选择提供了一定的指导。但在实际的生产中,为了提高花生种植的经济效益,我们往往需要着重考虑花生的商品属性,例如油用、食用、特色保健和出口专用等。因地制宜,选用适合的花生品种是保障花生高产效益的前提条件。

一　油用花生

油用花生以榨油为目的,花生仁的脂肪酸含量高是该类花生的主要特点。除脂肪酸含量高外,还需要考虑脂肪酸的组分,不饱和脂肪酸含量越高花生的品质越好。高含油率一直是我国花生育种的重要目标之一。目前,我国油用花生品种的含油率普遍在50%以上,一些优质品种可超过55%。在种质资源中,含油率可超过60%。花生脂肪酸的组分是油用花生育种的主要指标。花生脂肪酸中主要含油酸、亚油酸、棕榈酸、硬脂酸、花生酸、山嵛酸以及花生烯酸等。其中花生烯酸和亚油酸是人体必需脂肪酸;

油酸也是不饱和脂肪酸,对人体健康有利,并且油酸的耐贮藏性高于亚油酸数倍。当前我国栽培花生正在大力推广高油酸品种。

二 食用花生

食用花生又可以分为鲜食花生、烤果花生、烤仁花生、水煮花生、芽菜花生等诸多种类。鲜食花生对产量要求略低,但对早熟性要求高,越早熟,上市就越早,生育期一般以80～90天为宜。种皮颜色为鲜红色或黑色的鲜食花生最受消费者欢迎,其煮沸后质地酥而不软,蛋白质含量在30%以上。烤仁花生或烤果花生对花生仁硬度和蔗糖含量要求较高。芽菜花生则要求百粒重较小(小于50克),发芽率高,花生芽生长快,芽长,脂肪含量低,蛋白质和糖分含量高。高蛋白花生一般要求花生仁蛋白质含量大于28%。

三 特色保健花生

近年来有研究发现,花生仁中富含对人体健康十分有益的营养成分,例如亚油酸、白藜芦醇、锌、硒等。通过一系列育种手段育成的富含一种或多种上述营养物质的品种即为特色保健花生,这一品种可以极大地提高花生种植的经济效益。

四 出口专用花生

出口专用花生的品质以果荚和果仁性状、果皮和种皮色泽、整齐度以及油酸与亚油酸比值等为重要指标。出口专用花生一般为我国具有竞争力的品种,但近年来我国花生只有少量出口,绝大部分用来满足国内消费需求。

品种选择需要结合当地土壤条件、气候条件,以及当地和周边地区花生消费习惯,因地制宜。

五 优质高效花生品种简介

近年来,我国花生育种事业发展较快,出现了一大批产量高、品质优的新品种。下面结合安徽省生态特点和种植模式,简要介绍安徽省自主选育的部分花生品种,同时参照最新相关文献,介绍其他省份或机构育成的一些优质花生新品种。

(一)安徽省育成的花生品种

1.皖花4号

安徽省农业科学院作物研究所利用粤油116与郑8506杂交后系统选育成的品种,2006年2月通过安徽省非主要农作物品种鉴定委员会鉴定(鉴定编号:皖品鉴登字第0505003)。该品种为早熟普通型中果品种,生育期为115天。主茎高54.2厘米,有效分枝数为8条,平均单株荚果数为15.5个。单株荚果重18.7克,百果重120.9克,百果仁重62.5克,出仁率为68.2%,种皮呈粉红色。

2005年,在安徽省区域试验中,荚果亩产量为276.8千克,较对照品种白沙1016增产13.86%。农业农村部油料及制品质量监督检验测试中心检测结果:含油量为50.88%,蛋白质含量为28.27%;油酸含量为41.5%,油酸与亚油酸比值为1.10。抗叶斑病、抗青枯病,抗旱性中等。春播在4月底至5月初,夏播应在6月15日之前。播种密度一般每亩10 000～12 000穴,每穴2粒。该品种适宜在安徽及其周边地区种植。

2.皖花7号

安徽省农业科学院作物研究所利用豫花8号与96–3杂交后系统选育成的品种,2008年1月通过安徽省非主要农作物品种鉴定委员会鉴定(鉴定编号:皖品鉴登字第0705002),2016年通过国家品种鉴定(鉴定编号:国品鉴花生2016014),2021年通过国家非主要农作物品种登记(登记编号:GPD花生〔2021〕340118)。该品种为普通型大果品种,生育期为126天。株

型直立,主茎高41.5厘米,结果枝数为7条,单株饱果数为18个。荚果呈普通形,果仁呈柱形,种皮呈浅红色。百果重212.5克,百果仁重92.1克,出仁率为73%。2013年,在全国长江流域片花生区域试验中,荚果平均亩产量为319.3千克,果仁平均亩产量为231.1千克,分别较对照品种增产4.39%和7.2%。2014年,在全国长江流域片花生区域试验中,荚果平均亩产量为335.3千克,果仁平均亩产量为246.8千克,分别较对照品种增产13.5%和11.6%。农业农村部油料及制品质量监督检验测试中心(武汉)检测结果:果仁含油量为56.16%,蛋白质含量为21.09%,油酸含量为47.6%,亚油酸含量为31.73%。抗旱性、抗倒伏性强,抗叶网斑病能力中等。春播在4月底至5月初,夏播应在6月15日之前。播种密度一般为每亩9 000～11 000穴,每穴2粒。该品种适宜在安徽及其周边地区种植。

3.皖花8号

安徽省农业科学院作物研究所利用豫花10号与冀花2号杂交后系统选育成的品种,2009年1月通过安徽省非主要农作物品种鉴定(鉴定编号:皖品鉴登字第0805002)。该品种为普通型大果品种,生育期为107天。主茎高47.1厘米,有效分枝数为8条,平均单株荚果数为15.3个,平均成熟双仁果数为9.6个。单株荚果重23.5克,百果重207.3克,百果仁重83.4克,出仁率为75.1%,种皮呈粉红色。2008年,在安徽省区域试验中,荚果平均亩产量为342.17千克,较对照品种增产2.6%;果仁平均亩产量为256.97千克,较对照品种增产7.32%。抗青枯病能力中等。农业农村部油料及制品质量监督检验测试中心(武汉)检测结果:粗蛋白质含量为28.72%,含油量为45.27%。春播在4月底至5月初,夏播应在6月15日之前。播种密度一般为每亩9 000～11 000穴,每穴2粒。该品种适宜在安徽及其周边地区种植。

4.皖花9号

安徽省农业科学院作物研究所首次利用氮离子束注入诱变技术,2007年对鲁花8号种仁进行辐射处理,在变异后代中优选单株,经多年系统选育而成,2013年5月通过安徽省非主要农作物品种鉴定(鉴定编号:皖品鉴登字第1205013)。该品种为普通型大果品种,生育期为119天。主茎高52厘米,有效分枝数为6条,单株荚果数为14个,成熟双仁果数为10个。单株荚果重24.2克,单株果仁重16.1克,百果重250.3克,百果仁重100.4克,出仁率为68.2%,种皮呈粉红色。2012年,在安徽省区域试验中,荚果平均亩产量为354.50千克,较对照品种增产22.66%;果仁平均亩产量为241.77千克,较对照品种增产14.13%。抗青枯病能力中等。安徽省粮油产品质量监督检测站检测该品种含油量为56.5%。春播在4月底至5月初,夏播应在6月15日之前。播种密度一般每亩9 000～11 000穴,每穴2粒。该品种适宜在安徽及其周边地区种植。

5. 皖花11号

安徽省农业科学院作物研究所利用豫花7号与3056杂交后系统选育成的品种,2015年通过安徽省非主要农作物品种鉴定(鉴定编号:皖品鉴登字第1305027)。该品种为普通型大果品种,生育期为129天。主茎高46.4厘米,平均有效分枝数为8.6条,平均单株荚果数为19.1个,平均成熟双仁果数为12.8个。单株荚果重27.2克,单株果仁重19.0克,百果重226.0克,百果仁重98.3克,出仁率为69.9%,种皮呈粉红色。2013年,在安徽省区域试验中,荚果平均亩产量为310.2千克,较对照品种增产16.54%;果仁平均亩产量为216.83千克,较对照品种增产16.70%。抗青枯病能力中等。农业农村部油料及制品质量监督检验测试中心(武汉)检测结果:粗蛋白质含量为28.68%,含油量为49.60%。春播在4月底至5月初,夏播应在6月15日之前。播种密度一般每亩9 000～11 000穴,每穴2粒。该品种适宜在安徽及其周边地区种植。

6. 皖花14号

安徽省农业科学院作物研究所以鲁花14为母本,以白沙1016为父本杂交后系统选育成的品种。2022年通过农业农村部非主要农作物品种登

记(登记编号:GPD花生〔2022〕340189)。该品种为普通型大果品种,生育期为120天。主茎高42.7厘米,侧枝长46.8厘米,平均总分枝数为8.6条,平均结果枝数为6.9条。荚果呈普通形,种皮呈浅红色。百果重254.5克,百果仁重104.9克,出仁率为71.2%。在黄淮中南片区域试验中,荚果平均亩产为347.9千克。中抗茎腐病,耐旱、抗倒伏。农业农村部农产品质量监督检验测试中心(郑州)检测结果:含油量为47.95%,蛋白质含量为26.21%,油酸含量为39.4%。春播在4月底至5月初,夏播应在6月15日之前。播种密度一般每亩9 000～11 000穴,每穴2粒。该品种适宜在安徽及其周边地区种植。

(二)河北省育成的花生品种

1.冀花16号

2017年通过农业农村部非主要农作物品种登记(登记编号:GPD花生〔2017〕130016)。该品种为中早熟普通型品种,生育期为129天。株型直立,主茎高44.4厘米,侧枝长48.8厘米,平均分枝数为7.1条,平均结果枝数为6.1条。叶片呈长椭圆形,绿色,连续开花。荚果呈普通形,果仁呈椭圆形,种皮呈粉红色,无裂纹,无油斑。种子休眠性强。百果重207.4克,百果仁重87.8克,出仁率为72.59%。农业农村部油料及制品质量监督检验测试中心(武汉)检测结果:油酸含量为79.25%,亚油酸含量为3.85%,油酸与亚油酸比值为20.6,粗脂肪含量为54.14%,粗蛋白质含量为23.51%。该品种适宜在山东、河北、河南、山西、安徽等地种植。

2.冀花18号

2017年通过农业农村部非主要农作物品种登记(登记编号:GPD花生〔2017〕130015)。该品种为早熟普通型小果品种,生育期为124天。株型直立,主茎高38.8厘米,侧枝长45.7厘米。平均分枝数为7.3条,平均结果枝数为7.3条。单株荚果数为19.7个。叶片呈椭圆形,绿色,连续开花。荚果呈茧形,果仁呈桃圆形,种皮呈深粉红色,无裂纹,无油斑。种子休眠性强。百果重173.3克,百果仁重71.51克,出仁率为71.18%。农业农村部油料及制品质量监督检验测试中心(武汉)检测结果:油酸含量为76.65%,亚油酸含量为7.2%,油酸与亚油酸比值为13.13,粗脂肪含量为54.13%,粗蛋白质含量为24.46%。该品种适宜在河北、安徽等地夏播种植。

3.冀花21号

2018年通过农业农村部非主要农作物品种登记(登记编号:GPD花生〔2018〕130096)。该品种为普通型大果品种,生育期为127天。株型直立,主茎高41.1厘米,侧枝长45.3厘米,平均总分枝数为5.8条,平均结果枝数为5.4条,平均单株荚果数为13.8个。叶片呈椭圆形,深绿色,连续开花。荚果呈普通形,果仁呈椭圆形,种皮呈浅红色,无裂纹,无油斑。种子休眠性强。百果重207.4克,百果仁重81.1克,出仁率为72.1%。果仁含油量为54.97%,蛋白质含量为22.67%,油酸含量为80.4%,亚油酸含量为3.3%。抗叶斑病能力中等。该品种适宜在河北、河南、山东、安徽等地种植。

4.冀花19号

2018年通过农业农村部非主要农作物品种登记(登记编号:GPD花生〔2018〕130077)。该品种为中熟普通型大果品种,生育期为129天。株型直立,主茎高41.8厘米,侧枝长45.3厘米,平均分枝数为8.1条,平均结果枝数为7.7条,平均单株荚果数为18.1个。叶片呈椭圆形,深绿色,连续开花。荚果呈普通形,果仁呈椭圆形,种皮呈粉红色,无裂纹,无油斑。种子休眠性强。百果重223.5克,百果仁重111.2克,出仁率为72.52%。农业农村部油料及制品质量监督检验测试中心(武汉)检测结果:油酸含量为75.35%,亚油酸含量为7.15%,油酸与亚油酸比值为10.55,粗脂肪含量为54.17%,粗蛋白质含量为23.51%。该品种适宜在河北、安徽等地种植。

(三)山东省育成的花生品种

1.花育917

2020年通过农业农村部非主要农作物品种登记。该品种为半匍匐型

大果品种,生育期春播为140天,夏播为117天。株高36厘米,侧枝长45.8厘米,平均总分枝数为14.3条,平均结果枝数为10条。荚果呈普通形,种皮呈粉红色,百果重237.43克,百果仁重89.14克,出仁率为65.62%。果仁含油量为55.4%,蛋白质含量为22.6%,油酸含量为79.3%,为高油酸花生品种。在区域试验中,荚果平均亩产量为292.33千克。春播在4月中下旬,夏播应在6月15日之前。播种密度为每亩8 000～10 000穴,每穴2粒。该品种适宜在山东、安徽、河南等花生主产区种植。

2.花育961

2018年通过农业农村部非主要农作物品种登记。该品种生育期为120天。株型直立,株高45厘米,侧枝长48厘米,结果枝数为8条。荚果呈茧形,种皮呈粉红色,百果重235克,百果仁重82.8克,出仁率为77.5%。在区域试验中,荚果平均亩产量为286千克,油酸含量为81.2%,为高油酸花生品种。春播在4月中下旬,夏播应在6月15日之前。播种密度为每亩8 000～10 000穴,每穴2粒。该品种适宜在安徽、山东等花生主产区种植。

3.花育661

2018年通过农业农村部非主要农作物品种登记(登记编号:GPD花生〔2018〕370364)。该品种连续开花,株型直立,主茎高40厘米,侧枝长42.6厘米,分枝数为9条,结果枝数为7条。荚果呈普通形,果仁呈椭圆形,种皮呈粉红色。百果重150.0克,百果仁重73.6克,出仁率为79.5%。农业农村部油料及制品质量监督检验测试中心(武汉)检测结果:果仁油酸含量为80.90%。该品种适宜在安徽、山东、东北等花生主产区种植。

4.花育662

2018年通过农业农村部非主要农作物品种登记(登记编号:GPD花生〔2018〕370365)。该品种为珍珠豆型高油酸小果品种。株型直立,主茎高35厘米,侧枝长38厘米,结果枝数为9条。荚果呈普通形,果仁呈桃圆形,种皮呈粉红色,内种皮呈白色,百果重215.0克,百果仁重80.0克,出仁率为

79%。农业农村部油料及制品质量监督检验测试中心(武汉)检测结果:油酸含量为80.8%,亚油酸含量为2.7%,油酸与亚油酸比值为29.93。该品种适宜在山东、安徽、海南等花生产区种植。

5.花育910

2020年通过农业农村部非主要农作物品种登记(登记编号:GPD花生〔2020〕370054)。该品种为普通型、直立型大果品种,株高45厘米左右,分枝数为8条。叶色较绿,结果较集中。荚果网纹浅,近普通形。种皮呈粉红色。百果重282克,百果仁重112克,出仁率为69.6%。果仁含油量为51.2%,蛋白质含量为27.0%,油酸含量为79.3%,亚油酸含量为1.94%。该品种适宜在山东、河南、安徽、江苏等花生产区种植。

(四)河南省育成的花生品种

1.豫花37号

2018年通过农业农村部非主要农作物品种登记(登记编号:GPD花生〔2018〕410020)。该品种为珍珠豆型品种,疏枝直立,主茎高47厘米,侧枝长52厘米,总分枝数为8条,结果枝数为7条,平均单株饱果数为12个。叶片呈黄绿色,椭圆形。荚果呈茧形,表面质地中等,果喙明显程度弱,缢缩程度弱。果仁呈桃圆形,种皮呈浅红色,内种皮呈深黄色。百果重177克,百果仁重70克,出仁率为72%。果仁含油量为55.96%,蛋白质含量为19.4%,油酸含量为77.0%,亚油酸含量为6.94%。该品种适宜在河南、安徽等花生产区种植。

2.豫花138号

2021年通过农业农村部非主要农作物品种登记(登记编号:GPD花生〔2021〕410008)。该品种为珍珠豆型品种,生育期为118天。株型直立,主茎高48.9厘米,侧枝长55.5厘米,总分枝数为9条,结果枝数为7条,单株饱果数为14个。叶片颜色中等,呈倒卵形。荚果呈茧形,荚果表面质地中等,缢缩程度极弱;果仁呈柱形,种皮呈浅红色,内种皮呈浅黄色。百果重208.5

克,百果仁重80.7克,出仁率为70.8%。果仁含油量为53.4%,蛋白质含量为23.4%,油酸含量为79.1%,亚油酸含量为2.96%。该品种适宜在河南、河北、山东南部、山西东南部、安徽、江苏北部春播、麦垄套种及夏直播区域种植。

3.豫花76号

2018年通过农业农村部非主要农作物品种登记(登记编号:GPD花生〔2018〕410159)。该品种为珍珠豆型高油酸品种,生育期为112天。叶片小,绿色,呈宽倒卵形,连续开花。疏枝直立,主茎高37厘米,侧枝长41厘米,总分枝数为7条,结果枝数为6条,单株饱果数为11个左右。荚果呈茧形,缢缩程度极弱,果喙明显程度极弱,荚果表面质地中等。果仁呈球形,种皮呈浅红色,内种皮呈白色。百果重145克,百果仁重63克,出仁率为78%。果仁含油量为57.0%,蛋白质含量为18.2%,油酸含量为80.6%,亚油酸含量为3.6%。该品种适宜在河南、安徽等花生产区种植。

4.豫花93号

2021年通过农业农村部非主要农作物品种登记(登记编号:GPD花生〔2021〕410005)。该品种为普通型,生育期为126天。株型直立,主茎高61.5厘米,侧枝长66.4厘米,总分枝数为9条,结果枝数为7条,单株饱果数为9个。叶片颜色中等,叶片呈椭圆形。荚果呈普通形,果喙明显程度弱,荚果表面质地中等,缢缩程度弱。果仁呈柱形,种皮呈浅红色,内种皮呈深黄色。百果重237.7克,百果仁重91克,出仁率为63.7%。果仁含油量为54.50%,蛋白质含量为22.50%,油酸含量为79.20%,亚油酸含量为3.98%。该品种适宜在河南、安徽等区域种植。

5.开农H03-3

2007年通过安徽省品种鉴定。该品种为高油酸花生品种,生育期为115天。疏枝直立,株高36.2厘米,侧枝长42.1厘米,分枝数为8条,结果枝数为7条。荚果呈茧形,种皮呈粉红色。果仁含油量为53.13%,蛋白质含量为

26.7%，油酸含量为81.6%。百果重182.3克，百果仁重72.3克，出仁率为73.5%。在区域试验中，荚果平均亩产量为266千克。春播在4月中下旬，夏播应在6月15日之前。播种密度为每亩8 000~10 000穴，每穴2粒。该品种适宜在安徽等花生产区种植。

6.开农97

2021年通过农业农村部非主要农作物品种登记。该品种生育期为119天。植株高43.3厘米，侧枝长47.3厘米，分枝数为7条，结果枝数为7条。荚果呈普通形，种皮呈浅红色。百果重174.1克，百果仁重72.8克，出仁率为69.95%。果仁含油量为51.7%，蛋白质含量为25.8%，油酸含量为61.2%。抗网斑病、叶斑病能力中等，易感青枯病、锈病。在区域试验中，荚果平均亩产量为342.18千克。春播在4月中下旬，夏播应在6月15日之前。播种密度为每亩8 000~10 000穴，每穴2粒。该品种适宜在河南、安徽、山东等花生主产区种植。

（五）中国农业科学院油料作物研究所育成的花生品种

1.中花8号

2002年通过国家花生新品种鉴定。该品种为珍珠豆型早熟品种，生育期春播为122天左右，夏播为110天左右。株高45厘米，侧枝长36厘米，总分枝数为8条，结果枝数为6条。荚果呈斧头形，种皮呈粉红色。在区域试验中，荚果平均亩产量夏播为350千克，春播为450千克。百果重192克，百果仁重84.2克，出仁率为75%。果仁含油量为55%。抗叶斑病，耐旱，结果较集中。春播在4月中下旬，夏播应在6月15日之前。播种密度春播为每亩8 000~10 000穴，夏播为每亩10 000~11 000穴，每穴2粒。该品种适宜在长江流域花生产区种植。

2.中花16

2009年通过国家鉴定。该品种为珍珠豆型早熟品种，生育期春播为125天，夏播为110天。株高45厘米，总分枝数为10条，结果枝数为8条。荚果

呈斧头形,种皮呈粉红色。百果重210克,百果仁重85克,出仁率为75%。果仁含油量为55.4%,蛋白质含量为23.8%。在区域试验中,荚果平均亩产量为350.75千克。抗叶斑病,抗旱,抗倒伏。种子休眠性强,结果较集中。春播在4月中下旬,夏播应在6月15日之前。播种密度春播为每亩8 000~10 000穴,夏播为每亩10 000~11 000穴,每穴2粒。该品种适宜在长江流域花生产区种植。

3.中花28

2020年通过农业农村部非主要农作物品种登记(登记编号:GPD花生〔2020〕420060)。该品种为普通型中果品种,生育期为124天。株型直立、紧凑,主茎高46.3厘米,总分枝数为8.3条。叶色较绿。荚果呈普通形,网纹较浅,种皮呈浅红色。百果重174.8克,百果仁重77.5克,出仁率为71.8%。果仁含油量为54.88%,蛋白质含量为27.85%,油酸含量为75%,亚油酸含量为7.36%。该品种适宜在四川、湖北、江西、安徽、湖南等非青枯病区种植。

4.中花215

2020年通过农业农村部非主要农作物品种登记(登记编号:GPD花生〔2020〕420062)。该品种为普通型中果品种,生育期为124天。株型直立、紧凑,主茎高37.4厘米,总分枝数为8.2条。叶色较绿。荚果呈普通形,网纹较浅,种皮呈淡红色。百果重194.8克,百果仁重84.2克,出仁率为67.4%。果仁含油量为55.06%,蛋白质含量为25.15%,油酸含量为79.5%,亚油酸含量为2.39%,油酸与亚油酸比值为33.3。该品种适宜在四川、湖北、江西、安徽、湖南等非青枯病区种植。

5.中花24

2019年通过农业农村部非主要农作物品种登记(登记编号:GPD花生〔2019〕420076)。该品种属中间型中熟品种,生育期春播为120~125天,夏播为110天左右。株型直立、紧凑,株高40厘米,总分枝数为7~8条,结果枝数为6~7条。荚果呈普通形,果形整齐。果仁呈椭圆形,种皮呈粉红色,果仁整齐饱满。百果重190克,百果仁重70克,出仁率为70.0%。在国家区域(长江区域)试验两年,农业农村部油料及制品质量监督检验测试中心(武汉)检测结果:果仁平均含油量为53.64%,蛋白质含量为25.32%,油酸含量为78.9%,亚油酸含量为2.09%,油酸与亚油酸比值为37.6。该品种适宜在四川、湖北、重庆、江西、安徽、湖南、河南南部、江苏等地非青枯病区种植。

(六)江苏省育成的花生品种

1.徐花13号

2008年通过国家花生新品种鉴定。该品种属于中早熟品种,生育期为128天左右。株型直立,株高43厘米,侧枝长45厘米,总分枝数为8条,结果枝数为6条,茎呈浅紫色,有茸毛。荚果呈普通形,种皮呈粉红色。百果重210克,百果仁重98克,出仁率为73%。果仁含油量为56.43%,蛋白质含量为23.42%,油酸含量为43.7%。在区域试验中,荚果平均亩产量为314.87千克。抗叶斑病能力中等,耐渍耐旱,抗倒伏性强。种子休眠性中等。春播在4月底至5月初,夏播应在6月15日之前。播种密度一般为每亩9 000～11 000穴,每穴2粒。该品种适宜在皖北地区种植。

2.徐花14号

2008年通过国家花生新品种鉴定。该品种属于中早熟品种,生育期为122天左右。株型直立,株高35厘米,侧枝长36厘米,总分枝数为8条,结果枝数为5条,茎呈浅紫色,有茸毛。荚果近茧形,以两粒荚为主,种皮呈粉红色。百果重169克,百果仁重65克,出仁率为76%。果仁含油量为56.45%,蛋白质含量为22.34%,油酸含量为39.8%。在区域试验中,荚果平均亩产量为237.42千克。抗叶斑病能力中等,不耐渍。种子休眠性中等。春播在4月底至5月初,播种密度一般为每亩9 000～11 000穴,每穴2粒。该品种适宜在皖北地区种植。

3.徐彩花(黑)2号

2006年通过国家花生新品种鉴定。该品种属于中早熟品种,春播生育期为133天左右。株型直立,株高51.5厘米,侧枝长53.2厘米,总分枝数为11条,结果枝数为7条,茎部花青素含量中等,呈浅紫色,茸毛稀。荚果呈普通形,果喙短,缢缩中等,种皮呈紫黑色。百果重216.6克,百果仁重94.3克,出仁率为68.5%。果仁含油量为52.18%,蛋白质含量为25.42%。在区域试验中,荚果平均亩产量为295.6千克。抗叶斑病能力中等,耐渍性中等。种子休眠性弱。5月上旬春播,6月中旬开花,9月下旬成熟,播种密度一般为每亩7 000穴,每穴2粒。该品种适宜在皖北地区种植。

4.徐彩花(红)3号

2006年通过国家花生新品种鉴定。该品种属于早熟普通型中果品种,生育期为128天左右。株型直立,株高43.6厘米,侧枝长44.8厘米,结果枝数为7条左右,总分枝数为9~11条。茎部花青素少量,小叶片呈椭圆形、绿色,连续开花。单株结果数13.0个,单株果仁重15.9克。荚果呈普通形,网纹粗,缢缩程度中等,果喙短。果仁饱满,呈椭圆形,裂纹轻,种皮呈红色,内种皮呈白黄色。百果重181.0克,百果仁重81.3克,出仁率为72.3%。果仁粗脂肪含量为54.68%,粗蛋白含量为23.06%,油酸与亚油酸比值为1.70。抗旱性强,抗叶斑病能力中等。种子休眠性强。淮北地区露地栽培,在5月上旬播种。种植密度为每亩8 000~9 000穴,每穴2粒。该品种适宜在淮北等产区作为干果或鲜食花生种植。

(七)湖南省育成的花生品种

湘花618,2010年通过国家花生新品种鉴定。该品种属于珍珠豆型品种,生育期为115天。植株高47.7厘米,总分枝数为6.9条。荚果呈普通形,种皮呈粉红色。百果重183.1克,百果仁重67.6克,出仁率为69.5%。果仁含油量为53.45%,蛋白质含量为28.07%,油酸含量为41.17%。该品种属于高蛋白品种,同时兼具高含油量。在区域试验中,荚果平均亩产量为317.25千克。抗叶斑病和锈病能力中等,抗旱,抗倒伏,耐酸瘠红壤土,种子休眠性强,易感染青枯病。春播每亩10 000穴,夏播每亩12 000穴,每穴2粒,播前宜拌种。该品种适宜在长江流域产区种植。

▶ 第二节　花生施肥技术

花生耐瘠能力较强,施用少量肥料即可获得一定的产量。但要想提高花生单产,科学施肥是基本措施之一。

一　基肥

施足基肥,基肥的用量一般占施肥总量的70%～80%。中、高产土壤含氮水平较高,为了提高磷、氮比率和维持根瘤菌的供氮水平,应根据亩产荚果400～500千克花生的实际需肥量,采取氮减半、磷加倍、钾全量的比例,即施氮肥11～13.8千克、磷肥8～10千克、钾肥12～16千克,同时每亩施有机肥3 000千克。在土壤偏酸时,应增施一定数量的石灰。如果土壤中微量元素缺乏,还可以将适量的微量元素与有机肥混合施用。

二　追肥

应根据土壤质地和营养状况、产量指标和施肥水平、肥料种类及利用率等来决定是否追肥。追肥一般占总施肥量的20%～30%。

苗期追肥宜采用"以氮为主,配合磷钾"的方法,一般在主茎有3~4片真叶时施入。每亩可施尿素5～8千克,过磷酸钙5～10千克,可将二者混合施用。对于有3~4叶未能及时追肥的,可在开花前有6~7叶时施入。

结荚期施钙、磷肥。在酸性土壤中用15～25千克熟石灰或钙、镁、磷肥;在碱性土壤中用5～10千克生石膏粉或10～15千克过磷酸钙,或50千克贝壳粉,掺200～300千克充分腐熟的农家肥和适量湿润细土混匀,先

撒施在结荚区,结合中耕培土,埋入结荚区土层。

结荚期和饱果期宜进行根外追肥,用2%~3%过磷酸钙水澄清液,1%~2%尿素水溶液或0.5%~1.0%氯化钾水溶液,进行叶面喷施,每隔7~10天喷一次,连续喷施2~3次。

三 微量元素肥料

1.铁肥

常用绿矾(硫酸亚铁)0.2%的水溶液浸种,或开花期、结荚期每亩用100~200克铁肥加水50千克溶解(可加少量洗衣粉以增加附着力)后均匀喷施在叶面,隔8~10天喷施1次,可消除失绿症。

2.硼肥

常用0.02%~0.05%的硼砂或硼酸水溶液浸种;或苗期至盛花期每亩每次用50~100克硼肥加水5千克均匀进行叶面喷施,共喷1~3次;或每亩用250~500克硼肥作为基肥。

3.锰肥

一般常用硫酸锰4克拌花生种1千克,可防止花生产生缺锰失绿症,且增产效果明显。

4.钼肥

将100千克钼酸铵先用白酒溶化,再加适量温水,均匀喷洒50千克种子;或用0.2%钼酸铵水溶液浸种,让种子吸足水分;或初花期每亩用10克钼肥加水50千克喷施在叶面上;或每亩施100克钼肥作为基肥。

▶ 第三节 花生地膜覆盖栽培技术

地膜覆盖既是提高花生播种质量的关键措施,也是确保花生合理生育进程的有效措施。

一 花生地膜覆盖栽培增产原理

花生地膜覆盖栽培可创造良好的土壤环境条件，并能抵御不良气候因素的侵袭，促进花生的生育过程，起到促早熟、高产、稳产的作用。花生覆膜栽培增产的主要原理如下。

1.增温、保温

春季采用地膜覆盖播种花生，能明显地提高地温。提高地温是促进花生生育进程的措施之一。覆盖地膜后，白天日光很容易透过地膜，光被土壤吸收后，转为热能，然后以红外线光波形式向上辐射，但它的波长较长，又很难透过薄膜，且易进难出，从而提高了地温。一般情况下，出苗期5厘米覆膜土层地温比露地日均高出约4.1 ℃，花生全生育期总积温比露地增加180 ℃左右。

2.保持和调节土壤水分

地膜相对透气性较差，可保持土壤的湿润度。覆膜不仅能减少土壤水分蒸发，而且可使土壤蒸发的水分在膜背形成水滴而后滴入地表，使土壤深层水分向地表移动，从而提高了土壤表层湿度，起到提墒作用。在降水量较大时，覆膜还可以避免过多水分直接进入土层，起到调节水分的作用，同时收到防止水土流失的效果。覆膜可以促进花生根系生长，使根系可以吸收更多的养分和水分，能有效提高花生的抗旱能力。

3.保持土壤疏松、提高肥效

覆膜的地表土壤不会直接受到雨水冲击，土壤不会板结和龟裂，雨后还能保持团粒结构，土壤孔隙度高、通气良好，有利于土壤中微生物的活动，促进有机质分解，提高肥料利用率。覆膜还可以增加土壤的热量和水分，并改善土壤的理化性质、结构，提高土壤的保水能力。

4.提高光能利用率

覆膜后能增加花生株行间的日照强度，因为地膜表面光滑，减少了空

气流动阻力,使株行间空气流动加快,有利于空气中二氧化碳的补充,增强光合作用。

5.促进花生的生长和发育

地膜覆盖后造就了良好的土壤温、湿、气、肥条件,能增强种子的发芽势,提高种子发芽率,缩短出苗时间,促进花生营养体生长。地膜覆盖栽培能促进花生开花期提前,使花量增多,且有效花多,提高结实率,从而增加单株结果数和饱果数。

二 花生地膜覆盖栽培技术要点

1.土壤及地块选择

平原地区宜选择耕层松软、土壤肥力较高,保肥、保水性能较强,土层较深厚的壤土或轻沙壤土,亦可选择排灌条件较好的生茬地或轮作换茬地。丘陵地区宜选地势稍平坦、土壤耕层稍厚、地下水位偏高、抗旱能力较强或有水源条件的地块。对于土质及肥力稍差的土地,在增施有机肥、加强管理的前提下,也可进行覆膜栽培。所选地块要进行深耕细耙,并清除残余根茬、石块,达到土壤细碎、土面平坦的程度。

2.深耕整地,施足底肥,以产定肥

要配方施肥,多施有机肥,并以有机肥为主,配合施用化肥。为防止花生后期脱肥早衰,可施用缓释肥料,并且可配合施用微量元素肥料。具体施肥量应依据产量水平和土壤基础肥力来定,也可以根据生育状况适量根外喷施磷酸二氢钾、亚硫酸氢钠、硼肥、钼肥、锌肥、锰肥和铁肥等。

3.覆膜技术

(1)机播覆膜播种规格。垄距为85厘米,垄面宽为55厘米,垄面种两行花生,垄沟宽为30厘米;小行距为35厘米,大行距为50厘米,穴距16厘米。每亩播种9 500穴,每穴2粒。

(2)地膜规格。选用常规聚乙烯地膜,宽度为90厘米,厚度以0.005~

0.007毫米为宜,夏播花生可选用黑色地膜或配色地膜。如果地膜太薄,则增温保湿效果差;太厚,不仅用量加大,成本高,也会影响花生有效果针入土结实。

(3)覆膜质量要求。若采用机械或人工覆膜,均要求覆膜时土壤细碎,土壤水分充足。薄膜在台面上要摆平、伸直、拉紧、压严,使膜里无空隙,平展无纹,紧贴于台面上。多风地区做到垂直覆膜,并每隔3~4米横压一锹土固定地膜。

(4)足墒播种。播种土壤水分为田间最大持水量的70%左右,在适期内保证足墒播种;如果土壤干燥,要采取浇水抗旱播种方式。

4.选用良种,适期播种

肥水、地力条件较好的平原地区,宜选种生育期稍长、增产潜力大的中熟大果品种;丘陵地区,以种植抗逆性、适应性较强,产量稳定的早熟中果品种为宜。

覆膜栽培的播种时间可较露地栽培提早10~15天,覆膜后5厘米地温稳定在12 ℃(早熟中粒品种)或15 ℃(中熟大粒品种)以上即可播种。

5.田间管理

出苗时要及时破膜引苗,使侧枝伸出膜面,先盖膜、后播种的要及时撒土清棵,并要防止日光高温伤苗。中后期要防旱、排涝。地膜覆盖栽培的花生容易生长过旺,若有旺盛生长趋势应及时喷施生长延缓剂加以控制。加强叶斑病防控,叶面喷肥,防止早衰。

6.适时收获,净地净膜

覆膜栽培花生成熟后应及时进行收获,过晚收获容易造成落果、烂果,影响花生产量与品质。留存在地表的聚乙烯薄膜应随收随捡,清除干净,以防止对土壤产生不良影响。

第四节　花生生长调节技术

植物激素是指植物体内天然存在的对植物生长、发育有显著作用的微量有机物质，也被称为植物天然激素或植物内源激素。它的存在可影响和有效调控植物的生长和发育，包括从细胞生长、分裂，到生根、发芽、开花、结实、成熟和脱落等一系列植物生命全过程。在实际生产中，用人工合成的植物生长调节剂也可以达到对花生生长进行调节的目的。

一　植物生长调节剂的概念

植物生长调节剂是人们在了解天然植物激素的结构和作用机制后，通过人工合成的与植物激素具有类似生理和生物学效应的物质，在农业生产上使用，可有效调节作物的生育过程，达到稳产增产、改善品质、增强作物抗逆性等目的。植物生长调节剂包括人工合成的具有天然植物激素相似作用的化合物和从生物中提取的天然植物激素。

植物生长调节剂是有机合成、微量分析、植物生理和生物化学以及现代农林园艺栽培等多种科学技术综合发展的产物。植物体内存在微量的天然植物激素如乙烯、3-吲哚乙酸和赤霉素等，是在20世纪二三十年代被发现的，它们具有控制植物生长发育的作用。到了20世纪40年代，人们开始研究人工合成类似物，随后陆续研发出2,4-二氯苯氧乙酸(2,4-D)、胺鲜酯(DA-6)、氯吡脲、复硝酚钠、α-萘乙酸、抑芽丹等，并进行了推广使用，逐渐形成了农药的一个类别。目前人工合成的植物生长调节剂越来越多，但由于应用技术比较复杂，其发展不如杀虫剂、杀菌剂、除草剂等迅速，应用规模也较小。而从农业现代化的需要来看，植物生长调节剂仍有很大的发展潜力。

对目标植物而言，植物生长调节剂是外源的化学物质，在植物体内转运至作用部位，以较低的浓度就能促进或抑制植物生长发育的某些环节，使之符合人类的需要。每种植物生长调节剂都有特定的用途，并且对技术的应用要求非常严格，只有在特定的使用条件下才能对目标植物产生特定的功效，例如有的调节剂在低浓度下具有促进作用，而在高浓度下则具有抑制作用。植物生长调节剂有很多用途，因品种和目标植物而不同。

根据《农药管理条例》规定，植物生长调节剂属于农药管理的范畴，凡在中国境内生产、销售和使用的植物生长调节剂，必须进行农药登记。在申办农药登记时，必须进行药效、毒理、残留和环境影响等多项使用效果和安全性试验，特别在毒理试验中要对所申请登记产品的急性、慢性、亚慢性以及致畸、致突变等毒理进行全面测试，经国家农药登记评审委员会评审通过后，才允许登记。按照登记批准标签上标明的使用剂量、时期和方法使用植物生长调节剂，对人体健康一般不会产生危害。如果使用时出现不规范操作，可能会使作物生长过快，或者使作物生长受到抑制，甚至死亡。我国法律明令禁止销售、使用未经国家或省级有关部门批准的植物生长调节剂。

二 花生常用生长调节剂及其应用技术

近年来，随着需求的不断增加，花生高产种植技术也在不断进步，植物生长调节剂因其用量小、功效大的特点已成为花生高产种植技术中的新选择。花生常用生长调节剂及其应用技术如下。

1.烯效唑

烯效唑为植物生长延缓剂，对植物的作用和多效唑类似，但药效较多效唑强烈，在用量相同的情况下，药效为多效唑的5～10倍。烯效唑在植物体内和土壤中降解较快，基本上无土壤残留。烯效唑用量少，但作用效果明显，在实际生产中有逐步取代多效唑的趋势。

烯效唑适用于肥水充足、花生植株生长旺盛的田块。施用适期以花针期或结荚期为宜,施用浓度以50～70毫克/千克为宜,一般每亩叶面喷施40～50千克药液。花针期喷施可提高单株结果数,结荚期喷施可增加饱果率,通常可增产10%以上。

2.壮饱安

壮饱安为植物生长延缓剂,能抑制植物体内赤霉素的生物合成,减少植物细胞的分裂和伸长,抑制地上部营养生长,使植株矮化,叶色变深,促进根系生长,提高根系活力,改善光合产物的转运与分配。壮饱安对人畜毒性很低,使用安全。尽管壮饱安含有多效唑成分,但其含量很低,在土壤中的残留量不会对后茬作物产生不良影响。

壮饱安适用于各类花生田,施用适期为花生下针后期至结荚前期,或主茎高度为35～40厘米时。用量及用法为每亩20克壮饱安兑水30～40千克配成溶液后进行叶面喷施。总用量不应超过每亩30克。长势不良的花生田可以适当减少用量。

壮饱安药效较缓,即使用量较大也不会因抑制过头而产生副作用。施用时可向药液中加入少量黏着剂,以使药液黏着于叶片利于吸收。

3.缩节胺

缩节胺又名助壮素,是植物生长延缓剂,易被植物的绿色部分和根部吸收,可抑制植物体内赤霉素的生物合成,促进植物根系生长,提高根系活力,改善光合作用产物的转运与分配,促进植物开花及生殖器官发育。缩节胺在土壤中降解很快,无土壤残留。

缩节胺适用于各类花生田,在花生下针期至结荚初期施用效果较好,在下针期和结荚初期施用两次效果更好。用量及用法为每次每亩用缩节胺原粉6～8克加水40千克配成溶液,均匀喷洒于植株叶面。缩节胺性质稳定,亦可与农药或其他叶面肥混合施用。

4.生根粉(ABT)

生根粉为植物生长促进剂,可提高植物体内生长素的含量,改变植物体内的激素平衡,并产生一系列生理生化效应,促进植物根系生长,提高根系活力,从而延缓叶片衰老。本品无毒、无残留,使用安全。

生根粉适用于各类花生田,既可用于浸种又可用于叶面喷施。浸种和叶面喷施的适宜浓度均为10～15毫克/千克,叶面喷施宜在花生下针期至结荚初期进行,每亩药液用量为40～50千克。两种施用方式以浸种较为简便易行,且用药量较少,是实际生产中普遍采用的方式。生根粉为粉剂,不溶于水,施用时可先将药粉溶解于少量酒精中,再加水稀释至所需浓度即可。

5.油菜素内酯

油菜素内酯为植物生长促进剂,极低浓度即能显示其生理活性,可促进细胞分裂和伸长,提高植物根系活力,促进叶片光合作用,延缓叶片衰老,增强植物的抗逆性。本品对人畜低毒,在植物体内和土壤中均无残留,使用安全。油菜素内酯用量较小,但效果明显,具有广阔的应用前景。

油菜素内酯适用于各类花生田,可用于浸种和叶面喷施。浸种适宜浓度为0.01～0.1毫克/千克,叶面喷施适宜浓度为0.05～0.1毫克/千克。叶面喷施宜在苗期至结荚期进行,每亩药液用量为40～50千克。

6.矮壮素

矮壮素为植物生长延缓剂,可由叶片、嫩茎、芽、根和种子进入植物体,可抑制赤霉素的生物合成,抑制细胞伸长而不抑制细胞分裂,抑制茎部生长而不抑制植物生殖器官发育。它能使植株矮化、茎秆增粗、叶色加深,增强抗逆性。矮壮素降解很快,进入土壤后能迅速被土壤微生物分解,用药5周后残留率可降为1%以下。

矮壮素适用于水肥充足、植株生长旺盛的田块,以花生下针期至结荚初期叶面喷施效果较好。施用浓度以1 000～3 000毫克/千克为宜,每亩药

液用量为40～50千克。

7.调节膦

调节膦为植物生长抑制剂，只能通过植物茎叶吸收，根部基本不吸收，它能作用于植物分生组织，抑制细胞的分裂与伸长，破坏顶端优势，矮化株高。调节膦进入土壤后，可被土壤胶粒和有机质吸附或被土壤微生物分解，并很快失去活性，在土壤中的半衰期约为10天。调节膦适用于水肥充足、花生植株生长旺盛的田块，以花生结荚后期喷施为宜。施用浓度以500毫克/千克为宜，每亩药液用量为40～50千克。使用调节膦会影响后代出苗率，降低植株生长势和主茎高度，影响结实，所以花生种子田不宜喷施。

8.其他植物生长调节剂

进行过花生田试验并且效果比较明显的植物生长调节剂种类较多。如植物生长促进剂赤霉素、增产灵、2,4-二氯苯氧乙酸、三十烷醇、3-(2-吡啶基)丙醇(即784-1)、氨基腺嘌呤等，它们均具有刺激花生生长，调节花生生理生化功能，增加干物质积累及提高花生产量的作用。植物生长延缓剂有化控灵、乙烯利、三唑酮、壮丰安和抗倒胺等，它们可抑制花生节间伸长，矮化株高，协调营养生长和生殖生长，控制后期无效花。植物生长抑制剂有青鲜素、三氯苯甲酸和茉莉酸甲酯等，它们均可抑制花生顶端生长，矮化株高，同时对开花有抑制作用，使用方法得当可增加花生产量。另外，快丰收、FL-8522、花生乐、花生宝等，对花生生长均有一定的调节作用。

上述各种植物生长促进剂多具有促进花生生长、增加前期有效花的数量、加快植株体内营养物质的运转、促进荚果发育的作用。据相关试验结果，在花生盛花期叶面喷施10毫克/千克的增产灵两次，可增产荚果12.8%,肥力较差的瘠薄地增产效果较明显。用浓度为10～20毫克/千克的2,4-二氯苯氧乙酸溶液浸种，可增产8.4%～12.4%;但浸种浓度不宜过高，达到50毫克/千克时,则会对幼苗生长产生明显的抑制作用。用浓度为200毫克/千克的784-1溶液浸种,可增产10%以上。

上述植物生长延缓剂和抑制剂多能抑制花生地上部分营养生长,使植株矮壮,促进生殖生长,进而提高荚果产量。花生始花25～30天后,在叶面喷施浓度为300毫克/千克的三唑酮溶液,对花生营养生长具有一定的抑制作用,并可提高花生的抗旱性,中、高产田块可增产10%。花生播种70～80天后,可在叶面喷施浓度为5 000～20 000毫克/千克的青鲜素溶液,可诱发无休眠期的种子进入休眠期,提高花生荚果质量,减少经济损失。花生盛花期或盛花末期在叶面喷施浓度为200～300毫克/千克的三氯苯甲酸溶液,花生产量可增加9.5%～11.6%。花生开花20～45天后在叶面喷施浓度为1 000～2 000毫克/千克的乙烯利溶液,可控制花生后期开花数。

▶ 第五节　春播花生高效栽培技术

春播花生采用地膜覆盖技术增产率一般为20%～30%。地膜覆盖可以提高地温,保墒提墒,增强抗旱防涝能力,并能保持土壤疏松,促进土壤养分转化,减少肥料流失,从而促进花生生长发育。地膜覆盖技术能促进花生生产技术水平的全面提高。

一　精选良种

春播花生生育期一般为130～140天,各地应因地制宜选用适宜的良种,以获得高产。选用抗病、高产花生品种。土壤肥沃、灌溉条件好的地块,可选用丰产性能好且高产潜力大的中、晚熟大果品种。

二 种子处理

1.播前晒种

播种前15天左右，选择晴天连续晒种2～3天。晒种可使种子更加干燥，增强种皮透性，提高细胞渗透压，以增强吸水力。晒种能提高种子温度，提高水解酶活性和呼吸作用，有利于种子内物质的转化，从而促进种子萌发出苗。晒种还具有杀死病菌、减少病害的作用。晒种最好将种子放在土质晒场上，不宜放在水泥晒场或石板上，以免高温损伤种子。晒种时要勤翻动，确保晒得均匀一致。晒种比未晒种出苗始期可提早1天，出苗盛期可提早5天，平均增产9.1%。

2.适时剥壳

剥壳适宜时间是播种前3天左右，不要过早剥壳。过早剥壳，种子失去果壳保护，易吸水受潮，增强呼吸作用和酶的活性，消耗养分，从而降低种子生活力，同时种子也容易受到病菌和昆虫侵袭以及机械损伤等。应注意将种子用塑料膜袋包藏好，防止吸湿受潮，降低种子呼吸作用。相关试验和实践证明，剥壳愈晚，种子生活力愈强，后期出苗也愈整齐健壮。

剥壳后应把杂种、秕粒、小粒、破种粒、感染病虫害和霉变的种子拣出，特别要拣出种皮局部脱落或子叶轻度受损的种子。用饱满的果粒作为种子。

3.种子包衣

播种前每亩种子(15～17千克)用60%吡虫啉种衣剂30毫升＋2.5%咯菌腈25毫升(或20%萎锈灵＋62.5克/升精甲·咯菌腈50毫升)＋水250毫升进行拌种，可有效防控主要土传病害(茎腐病、冠腐病)和地下害虫(蛴螬)。应使拌种剂药液与种子充分混合，以让药剂均匀附着在花生种皮上，再将种子摊开晾干(图2-1)。一般在播种前一天拌种，不宜过早。

图2-1　种子包衣

三　精细整地

1.花生对土壤条件的要求

根据国内外的相关研究,花生生长适宜的土壤条件为耕作层深厚、排水性好、有机质丰富、富含钙质且疏松易碎的沙壤土。此类型土壤的水、肥、气、热、微生物等肥力因素比较协调统一,能满足花生生长对水分、养分、空气等生长要素的要求。沙壤土整地、播种、排灌、施肥、管理较为便利,容易调控,能很好地保证种子萌发出苗,有利于根系和根瘤的生长发育,也有利于果针入土结实,从而使苗齐、苗全、苗壮,结实多,产量高。花生忌连作,轮作换茬才能高产。轮作周期为1～2年,以防止花生发生严重病害导致减产。

2.花生整地要求

整地质量与种子萌发出苗和幼苗生长情况关系密切。首先,整地要早,应在秋冬作物收获后抓紧进行,以使土壤有一段晒白风化时间,促进有机质腐烂分解,增加养分并使土壤逐步沉实,达到上松下实,从而提高土壤蓄水保肥能力。其次,整地要做到深耕、平整、疏松、细碎、湿润。再次,畦作或垄作。畦作可以加厚耕作层,有利于根系生长,便于排灌和除草施肥等田间管理操作,还有利于提高土温和通风透光,促进花生生长。

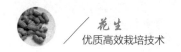

最后,要建好排灌系统,保持田间土壤合理的含水率。

3.施足基肥

施足基肥是保证花生高产稳产的一项重要措施,也是花生施肥的主要方法。花生基肥一般以有机肥为主,并适当配合施用速效氮、磷、钾等。此种肥料配比,既能满足花生对各种营养元素的需要,又能起到改良土壤、全面提高地力和增强肥效的作用。在中、高产田块每亩应施氮肥11～13.8千克,磷肥8～10千克,钾肥12～16千克。基肥的用量一般占施用化肥总量的70%～80%。同时应每亩施用有机肥3 000千克。在土壤偏酸时,还应增施一定数量的石灰。如果土壤中微量元素缺乏,还可以将适量的微量元素与有机肥混合施用。

四 地膜选择及覆膜

选用常规聚乙烯地膜,厚度以0.005～0.007毫米为宜,可选用白色、黑色或配色地膜。播种时必须足墒播种,墒情不好时要抗旱造墒播种。膜边要用细土压实,并保持膜平、严密,防止大风吹破地膜;如果地膜有破裂,要及时用细土封住破口。

五 播种

1.播种期

花生的播种期受到品种、土壤、气候和栽培方式等诸多因素制约,适宜的播种期主要根据气温和土壤湿度来确定。从气温方面来说,只要气温稳定在15 ℃以上就可以播种;从土壤湿度方面来说,土壤含水量为田间最大持水量的50%～70%时,适宜播种。为了及早播种,应根据天气和土壤水分情况灵活安排。

2.播种密度

在一般的生产条件下,珍珠豆型花生播种密度为每亩10 000～11 000

穴,普通型花生播种密度为每亩9 000～10 000穴,均为每穴播种2粒。具体的播种密度还应根据品种类型、自然条件、栽培水平和种子出苗率等因素来确定。生育期长、植株高大、分枝性强、蔓生的品种宜疏些,反之宜密些。高温多雨多日照地区,土壤肥沃、水肥充足、管理水平高的田块宜疏些;反之宜密些。

3.播种方式

采用良好的播种方式,保持合理的株距与行距,植株在田间分布要均匀、通风、透光性好。一般采用机械化起垄覆膜播种,垄距为85厘米,垄面宽为55厘米,垄面种两行花生,垄沟宽为30厘米,小行距为35厘米,大行距为50厘米,穴距为16.5厘米,每穴播种2粒(图2-2)。

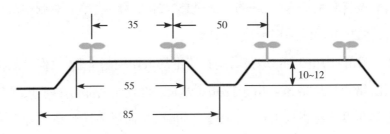

图2-2　垄间距和播种行距示意图(单位:厘米)

4.播种深度

播种深度对花生出苗和幼苗质量有重要影响。花生的播种深度一般以3～5厘米为宜,不能超过8厘米,不要小于3厘米。播种过深氧气少,播种过浅易落干,播种过深、过浅均不利于花生发芽出苗。

(六) 田间管理

1.查苗补种

全苗是花生丰产的前提。花生齐苗后,应立即查苗,发现缺苗,要及时补种。补种要用原品种的种子,补种方式有催芽后补种或两片子叶期带土移栽。

2.破膜放苗

播种后10～15天花生会陆续出苗，在子叶出土并张开或子叶未出土但可见真叶时，要用手指或刀片正对幼苗处将地膜开一个小口，以便引苗出膜，然后在开孔处用细土封严膜口。开孔引苗不宜过晚，尤其要防止日照强导致膜内高温烧苗。

3.清棵蹲苗

(1)清棵。清棵是在深播条件下，为了"解放"埋在土中的第一对侧枝所采取的一项增产措施。就是在花生齐苗后，结合第一次中耕，用小锄头将花生植株周围泥土扒开，使两片子叶刚好露出土面，这样，子叶腋内两个侧芽在充足的阳光和空气条件下会迅速发育成为健壮的第一对侧枝，否则，侧枝就会生长迟缓、纤弱。经过15～20天，第一、第二对侧枝苗壮成长后，再将扒开的泥土埋窝，培土还针。

(2)蹲苗。蹲苗也叫"炼苗"，是在花生幼苗期控制水肥，以促使幼苗根系深扎，培育良好根系。由于控制了水肥，幼苗地上部分的生长受到抑制，主茎和第一对侧枝生长缓慢，茎节短密，从而形成矮壮苗。炼苗一般在幼苗现4片真叶时开始（第一对侧枝已长出），至长成6片真叶时结束（第二对侧枝已长成）。炼苗以土壤干燥不危及植株正常的生理活动为度，即不能出现翻叶、卷叶现象。水肥条件好的田块才适合炼苗，而在瘦瘠的旱坡地和幼苗生长纤弱的情况下不宜炼苗，应该及早施肥和灌溉。

4.追肥

(1)追肥数量。氮肥、磷肥、钾肥、钙肥等肥料的施用量应根据土壤营养水平、花生产量指标、肥料种类及肥料的利用率等因素来确定，一般应将占总肥量20%～30%的肥料作为追肥。

(2)追肥时期。苗期尤其是3叶、4叶期，施用适量的速效氮、磷、钾肥有利于花生营养器官的生长，培育壮苗，促进花芽分化，因为此时子叶营养已耗尽，根瘤还未能提供氮素。花针期根据植株生长情况，可适当补施速效氮肥、磷肥、钾肥、硼肥、钼肥等肥料,以促进花生开花受精和根瘤固氮。此时也应增施钙肥,以满足荚果发育对钙的需求。结荚期植株生长最为旺盛,且根的吸收机能和根瘤固氮供氮能力最强,此期如果增施肥料,容易引发植株徒长、倒伏或病虫害。饱果期根据植株生长情况,可适当追肥以养根保叶,防早衰,促果饱,增果重。

(3)追肥方法。主要有三种:①根际追肥。花针期以前多采用根际追肥方法,常结合中耕除草培土进行撒施和深施。土壤要保持一定水分,必须将肥料覆埋土中,以提高肥效,减少损失。勿在露水或雨水未干或土壤过于干旱时施肥。②结荚区施肥。将肥料施于结荚区域让荚果吸收,称为"结荚区施肥"。结荚所需的钙肥宜施于结荚区,肥少干旱时也宜采取结荚区施肥方法。③根外追肥。结荚期和饱果期多采用根外追肥方法,根外追肥具有用量少、肥效快、效果好的优点。常用的几种肥料根外追肥浓度和施用时期如下:过磷酸钙为1%~2%,氧化钾为0.5%~1%,任何时期都可施用;钼酸铵为0.01%~0.05%,在苗期或花针期施用;硼酸为0.01%~0.05%,在苗期或花针期施用。

5.水分管理

根据花生的需水特点,既要保证有充足的水分供应(尤其在花针期和结荚期),又要防止干旱和水分过多危害花生生长。一般以保持田间最大持水量的50%~70%为宜。当土壤水分低于田间最大持水量的40%时,要注意灌溉;当土壤水分高于田间最大持水量的80%时,应注意排水。

在花生不同的生育时期,水分管理的要求也略有不同。总结各生育时期的水分管理经验,可概括为"燥苗、湿花、润荚"。苗期水分宜少,使土壤适当干燥,以促进根系深扎和幼苗矮壮;开花下针期水分宜多,土壤应较湿,以促进开花和下针;结荚期土壤宜润,既满足荚果发育需要,又防止水分过多引起茎叶徒长和烂果。据此,苗期土壤水分宜控制在田间最大持水量的50%左右,花针期宜控制在70%左右,结荚期宜控制在60%左右,

饱果期宜控制在50%左右。

6.中耕除草与培土

（1）中耕除草。苗期幼苗生长缓慢，植株矮小，杂草生长快，及早中耕除草，为幼苗生长创造一个"净、松、湿、肥"的环境是培育壮苗的重要措施。除结合中耕用人工除草外，目前已全面推广化学除草。一般是在花生播种后、发芽前用除草剂进行封闭。

（2）培土。适当培土，缩短果针与地面距离，使果针及早入土结荚，可增加结实率。适当培土，还能减少土壤流失，加厚土层，增加养分；尤其要加强边行植株的培土，以充分发挥边行优势的增产作用。花生的培土应结合中耕除草进行。培土不宜过厚，以免荚果发育的土壤生态环境发生较大改变而影响结荚，一般以不超过5厘米为度；培土不宜过早，以免影响第一、第二对侧枝发育，一般在始花后或开花下针期培土为宜。

7.病虫害防治

据估计，全世界每年因病虫害损失的花生占总产量的10%左右。做好病虫害防治是花生保苗、保叶、高产、稳产、优质的重要措施。

（1）花生主要病害及防治。危害花生的病害有20多种，较严重的有花生青枯病、茎腐病、白绢病、黑斑病、褐斑病、锈病等。对于花生病害的防治，目前主要采取合理轮作、改善栽培管理水平、选育抗病品种和使用药剂等综合防治措施，其中合理轮作和改善栽培管理水平十分重要。

（2）花生主要虫害及防治。危害花生的虫害近百种，危害较普遍且较严重的有蛴螬、蝼蛄、地老虎等。对于花生害虫的防治，除采用农业措施外，目前主要采用药剂防治措施。

（七）花生的收获与贮藏

1.适期收获

适期收获是保证花生丰产优质的重要环节。适期收获就是根据花生的成熟度、品种生育期和气候条件等,确定适宜的收获日期,既不提早,又不过迟,以保质保量。成熟的花生植株地上部分停止生长,下部叶脱落,顶部叶片转黄,叶片睡眠运动消失,地下部分大多数荚果网纹清晰,充实饱满,果壳硬而薄,种皮呈品种固有颜色,并达到该品种全生育期的天数。此外,宜选择晴天收获,避免雨天收获。

2.安全贮藏

安全贮藏,防止种子酸败霉变,为食用、种用提供优良的原料和种子,是花生栽培的最终目的。花生安全贮藏应注意的事项如下:

(1)荚果必须充分晒干,水分含量在安全水分以下,即花生荚果含水量≤10%或种子含水量≤8%;

(2)保护好果壳,防止在晾晒、运输过程中果壳破损;

(3)贮藏环境保持干燥、低温、通风、干净,一般要求空气相对湿度低于70%,温度低于20℃,且散热条件良好,空气无异味;

(4)注意翻晒,一般入贮后应每隔3个月或半年翻晒1次,使花生保持干燥状态。

总之,花生安全贮藏的关键是减少水分,削弱种子呼吸作用,并防止病虫害的侵害。

▶ 第六节 夏播花生高效栽培技术

我国黄淮及以南花生产区的日照、温度条件较好,可以在小麦或油菜收获后种植一季花生。夏播花生可以实现两年三季,且不与粮食争地,可实现土地种植效益的最大化。近年来,这些区域夏播花生的面积呈逐渐增大趋势。

一 夏播花生生育特点

夏播花生的生育期一般为100～115天,全生育期的总积温为2 400～2 600 ℃,大于10 ℃有效积温约1 500 ℃,有"三短一快"的特点。"三短":一是播种至始花时间短,二是有效花期短,三是饱果成熟期短(比春播花生短25天左右)。"一快":生育前期生长速度快。

二 高产栽培技术要点

高产的原则是"前促、中控、后保"。中熟大果品种,力争早播,并适当密植,高水肥猛促快长,力促群体发育,结荚初期叶面积指数为3以上;田间封垄,主茎高30～35厘米,结荚期叶面积指数稳定增长,然后保持在4.5左右,以保证有效花数最大化。之后,用生长调节剂控制花生生长,促进营养物质向荚果输送。后期保护叶片不早衰,维持较高光合作用能力,促进荚果充实。

1.平衡施肥

基肥以有机肥、磷钾肥为主,中期辅以微量元素配合,以提高肥料利用率。

(1)确保中后期不脱肥。花生不方便追肥,但其在生长中后期又易脱肥早衰。施用缓释肥可缓解花生后期脱肥情况,同时增施有机肥,可每亩施有机肥3 000千克。

(2)重视施用钙肥。花生缺钙具有普遍性,缺钙会导致荚果不饱满、空壳多,严重时可导致绝产。要保证表层10厘米土壤层钙养分的供应充足。

(3)低产田施肥量。低产田土壤缺氮贫磷,应增施氮肥,以弥补根瘤菌的供氮减少量,从而促进花生产量大幅度提高。按每亩产荚果200～300千克计,根据花生实际需求量,每亩施氮肥10～15千克、磷肥4～6千克、钾肥5～7.5千克。

(4)中、高产田施肥量。中、高产田土壤含氮量较高,含磷、钾量相对较低,为了提高磷、氮比率以及维持根瘤菌的供氮水平,应根据每亩产荚果400～500千克的实际需肥量,每亩施氮肥11～13.8千克、磷肥8～10千克、钾肥12～16千克。

2.选用优良品种

根据当地生产、生态条件和产量目标,因地制宜选择相应品种,选用抗病、高产花生品种。一般来说选用高产潜力大的中熟或中早熟大果品种易获得高产;土壤肥沃、灌溉条件好的地块,更宜选用丰产性能好、产量潜力大的中晚熟大果品种。

(1)晒种。播种前15天左右,可选晴天连续晒种2～3天,应在土质晒场上晒种,避免高温损伤种子。试验证明,晒种比未晒种出苗始期提早1天,出苗盛期提早5天,平均增产9.1%。

(2)剥壳。适宜剥壳时间是播种前10天左右,应避免过早剥壳使种子吸水受潮、感染病菌或受到机械损伤。试验和实践证明,剥壳愈晚,种子生活力愈强,出苗愈整齐健壮。

(3)精选种子。剥壳后应把杂种、秕粒、小粒、破种粒、感染病虫害和霉变种子拣出,特别要拣出种皮局部脱落或子叶轻度受损的种子。余下饱满的种子按大小分成两级,分级后种子均匀整齐,可保证出苗后苗势整齐。选用粒大饱满且皮色鲜亮的果仁做种可显著增产。

(4)拌种。播种前每亩种子(15～17千克)用60%吡虫啉种衣剂30毫升＋62.5克/升精甲·咯菌腈50毫升＋水250毫升进行种子包衣,可有效防控土传病害(如根腐病、茎腐病、冠腐病等)和地下害虫。

3.精细整地

夏播花生应在前茬作物收获后立即进行整地,且应深耕、细耙、精整,耕深一般在25～30厘米,使土层深厚而疏松。为了加厚耕作层、便于排灌,以及提高土温和增强通风、透光效果,应实行畦作或垄作。

4.适期适墒播种

夏播花生高产的主要限制因素是生长期短,早播具有关键意义。要采取抢茬播种、足墒播种、合理密植等措施,来提高夏播花生播种及出苗质量,并保证适宜的群体密度,打好丰产基础。

(1)抢茬播种。夏播花生应抢时早播,一般不应晚于6月15日,最晚不能晚于6月20日。同时,要做好造墒播种、抢墒播种的准备。

(2)足墒播种。花生播种适宜的土壤含水量为田间最大持水量的70%左右,应在雨后及时播种,墒情不足的地块要造墒播种。为了抢时早播和减少造墒,可采用"干播湿出"的方法,通过微喷、滴灌、喷灌等方式进行灌溉。

(3)合理密植。夏播花生建议起垄种植,以利于通风透光,改善土壤理化性质,减轻田间积水渍害,改良花生生长环境,培育壮苗,从而提高花生抗病能力。直播花生垄宽以80~85厘米为宜,每垄2行。小果花生播种适宜密度为每亩11 000~12 000穴,大果花生播种适宜密度为每亩9 000~10 000穴,均为每穴播种2粒。

(4)精细播种。播种深度以3~5厘米为宜,墒情好的宜浅,墒情差的宜深。播后要及时镇压。

5.田间管理

(1)查苗补苗。播种后出苗快慢主要受温度和水分供应的影响,如果出苗不齐,应及时补苗,双粒播种的只补无苗穴,有一苗长出的穴可以不补。为了使补种的苗赶上原来的幼苗,最好采取育苗补苗或育芽补苗方式。育苗补苗就是播种时在田边地角播一些种子作为预备,当幼苗长出2~3片真叶时,选阴雨天或傍晚带土移植补栽。育芽补苗就是在补苗前的一个星期,选择背风向阳的沙地筑成沙床,用催芽的种子播种,覆土约5厘米,保持适宜的水分,待胚根长约5厘米时,轻轻移出进行补栽。此外,对补栽的苗、芽要进行加水加肥管理。

（2）清棵。清棵是在深播的情况下，为了"解放"埋在土中的第一对侧枝而采取的一项措施。具体做法是：齐苗后，用小锄将花生幼苗周围的土向四面扒开，使两片子叶露出。两片子叶露出土面后，子叶节两个侧芽可得到阳光和空气，生长健壮，充分发挥花生植株第一对侧枝的增产作用。

清棵时间：以齐苗为宜。过早，幼苗太小太嫩，对外界环境抵抗力弱，易遭伤害甚至死亡；过晚，第一对侧枝已在土中长成，侧枝基部细弱，节间延长，形成"高脚苗"，清棵效果差。

清棵深度：以子叶刚刚露土为度。浅了，第一对侧枝仍埋土中，起不到清棵的作用；深了，把子叶以下的胚颈扒出，容易造成幼苗倒伏，甚至伤害到根系，不利于生长。

（3）中耕除草和培土。中耕除草能破除表土板结，增加土壤通透性，有利于开花下针和荚果膨大，减少杂草与花生争水争肥；同时，锄松表土，可减少土壤水分的散失。花生中耕一般进行两次。第一次在齐苗后结合清棵进行，通过浅锄松动表土，同时去除杂草。清棵过后一段时间，在第一对侧枝和第二次分枝得到苗壮成长后，再开展第二次中耕培土迎针，时间一般在清棵15～20天后，始花前或始花时。过早会影响清棵效果，过迟会影响下针结荚。第二次中耕应同时进行除草和追肥。

（4）水分管理。花生耗水量大，对土壤含水量较敏感，旱、涝对其造成的危害均较大。花生的生育期不同，需水量也不一样，总的趋势是苗期少，开花结荚期多，饱果期又少，即"两头少，中间多"。各生育时期的水分管理以"燥苗、湿花、润荚"为原则：苗期土壤宜干燥，以促进根系深扎和幼苗矮壮；花针期土壤宜湿，以促进开花和果针入土；结荚期土壤宜润，既满足果荚发育需要，减少黄曲霉菌侵染，又防止水分过多引起茎叶徒长和烂果，或烂根早衰；生育后期（饱果期）遇旱应及时以小水轻浇润灌，防止植株早衰及黄曲霉菌侵染。灌水不宜在高温时段进行，否则容易引起烂果。饱果期要保持适宜水分，避免过旱和过涝。

（5）绿色防治病虫。提倡全程理化诱控，采取生物、物理防治方式。可使用杀虫频振灯、色板、性诱剂、食诱剂等诱控技术灭杀棉铃虫、甜菜夜蛾、蛴螬、地老虎等害虫，降低虫源基数。注重健康栽培和抗逆调控。通过合理排灌、科学施肥、及时清洁田园以及苗期喷施植物生长调节剂或免疫诱抗剂等健康栽培措施，提高植株抗逆性，降低病虫害暴发风险。在田间病虫害发生初期，应及时喷施适宜的杀虫剂、杀菌剂等进行治疗。

6.适时收获

适时收获是保证花生丰产优质的重要环节，收获期应当根据花生的成熟度、生育情况和气候条件来确定。

花生成熟的标志：植株停止生长，叶片运动消失；中、下部叶片陆续老化脱落，上部叶呈黄绿色；荚果外壳硬化，呈固有色泽，脉纹明显；荚壳内壁出现褐色斑片（俗称"金碗""金里"）。

收获后充分晒干，是花生安全贮藏的首要条件，一般应晒至荚果含水量在10%以下、种子含水量在8%以下才能进行贮藏。

▶ 第七节　花生单粒精播技术

花生种植传统上常采用"一穴两粒"播种技术，这种技术虽然有利于保证种植密度，提高土地及花生生长前期光热资源利用率，但是同穴双株往往会造成个体间发育差异，单株潜力难以发挥，而且容易引起花生群体前期生长旺盛、后期早衰倒伏，制约花生单产和品质的进一步提高。花生单粒精播技术，一改传统双粒穴播为单粒穴播，培育健壮个体，调控群体生长，充分发挥单株生产潜力，具有节本增效的效果。

一 精选良种

1.品种选择

花生单粒精播栽培是取得高产高效的基础，即保证每一颗种子都能充分发挥生产潜力。因此，要选用单株增产潜力大、综合抗性好、品质优良的品种，并确保种子均匀一致，纯度≥98%，发芽率≥95%，净度≥98%。

2.晒种

在播种前15天左右，可选晴天连续晒种2～3天，应在土质晒场上晒种，以免高温损伤种子。试验证明，晒种比未晒种出苗始期提早1天，出苗盛期提早5天左右。

3.剥壳

适宜剥壳时间是播种前10天左右，应避免过早剥壳使种子吸水受潮、感染病菌或受到机械损伤。试验和实践均证明，剥壳愈晚，种子生活力愈强，出苗愈整齐健壮。

4.精选种子

剥壳后应把杂种、秕粒、小粒、破种粒、感染病虫害和霉变种子拣出，特别要拣出种皮局部脱落或子叶轻度受损的种子。余下饱满的种子按大小分成两级，分级后种子均匀整齐，可保证出苗后苗势整齐。选用粒大饱满且皮色鲜亮的果粒作种可显著增产。

5.拌种

播种前每亩种子（15～17千克）可用60%吡虫啉种衣剂30毫升＋62.5克/升精甲·咯菌腈50毫升＋水250毫升进行种子包衣，有效防控土传病害（根腐病、茎腐病、冠腐病等）和地下害虫。

二 精细整地

花生单粒播种要求0～10厘米结果层土质疏松、通气性好，10～30厘

米根系层保肥保水能力强、土层深厚、地力强。整地时应深耕、细耙、精整,耕深一般为25～30厘米,使土层深厚、平整、疏松、细碎、湿润。实行畦作或垄作可以适当加厚耕作层,以便于排灌,提高土温,增强通风、透光效果。

(三) 科学施肥

结合深耕整地,施足基肥是保证花生高产、稳产的一项重要措施,也是花生施肥的主要方法。花生基肥一般以有机肥为主,并适当配合速效氮、磷、钾肥等。增施有机肥,不仅可提供花生生长所需要的养分,同时也有利于土壤的进一步熟化和改善土壤肥力。

基肥的使用量一般占施肥总量的70%～80%。中、高产土壤含氮量较高,含磷、钾量相对较低,为了提高磷、氮比率和维持根瘤菌的供氮水平,中、高产田每亩施氮肥11～13.8千克,磷肥8～10千克,钾肥12～16千克。同时,应每亩施有机肥3 000千克。采取集中和分散相结合的施肥方法,即耕地前撒施全部有机肥和70%～80%的氮、磷、钾肥作为基肥。在土壤缺钙时,还应增施一定数量的钙肥。如果土壤中微量元素缺乏,还可以将适量的微量元素与有机肥混合施用。

(四) 肥效后移,防止早衰

为加强花生后期营养供应,使花生田肥效后移,延至结荚饱果期,解决花生后期脱肥问题,培育"前促、中控、后保"的群体结构,可将化肥总量的60%～70%改为控释肥,以加强花生后期营养供应。后期喷施叶面肥1%～2%尿素溶液、2%～3%过磷酸钙浸提液或0.1%～0.2%磷酸二氢钾溶液,可防止早衰,并能促进花生荚果发育。

五 播种

1.播种期

花生的播种期受到品种、土壤、气候和栽培方式等诸多因素制约,适宜的播种期主要根据气温和土壤湿度来确定。从气温方面来说,只要气温稳定在15 ℃以上就可以播种;从土壤湿度方面来说,只要土壤含水量不低于田间最大持水量的65%、不高于田间最大持水量的75%就适宜播种。为了及早播种,应根据天气和土壤水分变化灵活安排。

2.播种密度

确定合理的播种密度非常重要。在一般的生产条件下,普通型花生播种密度为每亩13 000 ~ 16 000穴,每穴播种1粒。具体的播种密度还应根据品种类型、自然条件、栽培水平和种子出苗率等因素来确定。

一般采用机械化起垄播种,垄距约为85厘米,垄面宽为55厘米左右,垄面种两行花生,垄沟宽为30厘米,垄上小行距为35厘米,大行距为50厘米,穴距为10 ~ 13厘米,每穴播1粒种子,播种深度控制在5厘米以内。

六 田间管理

1.破膜放苗

覆膜播种后花生陆续出苗,在子叶出土并张开或子叶未出土但可见真叶时,应破膜放苗,然后在开孔处用细土封严膜口。开孔放苗不宜过晚,尤其要防止日光过强导致膜内高温烧苗。

2.查苗补种

花生齐苗后,应立即查苗,发现缺苗,要及时补种。补种要用原品种的种子,补种方式有催芽后补种或两片子叶期带土移栽补种。

3.中耕除草和培土

中耕除草能破除表土板结,增加土壤通透性,有利于开花下针和荚果

膨大,并能减少杂草与花生争水争肥;同时,锄松了表土,可减少土壤水分的散失。

4.绿色防治病虫害

提倡全程理化诱控,以生物、物理防控为主。可使用杀虫频振灯、色板、性诱剂、食诱剂等诱控技术灭杀棉铃虫、甜菜夜蛾、蛴螬、地老虎等害虫,降低虫源基数。注重健康栽培和抗逆调控。通过合理排灌、科学施肥、及时清洁田园以及苗期喷施植物生长调节剂或免疫诱抗剂等健康栽培措施,提高植株抗逆性,降低病虫害暴发风险。在田间病虫害发生初期,要及时喷施适宜的低残留杀虫剂、杀菌剂等进行治疗。

七 适时收获

适时收获是保证花生丰产优质的重要环节,收获期应当根据花生的成熟度、生育情况和气候条件来确定。花生成熟的标志为:植株停止生长,叶片运动消失;中、下部叶片陆续老化脱落,上部叶片呈黄绿色;荚果外壳硬化,呈固有色泽,脉纹明显;壳内壁出现褐色斑片。收获后充分晒干,是花生安全贮藏的首要条件,一般应将荚果含水量降为10%以下、种子含水量降为8%以下才能进行贮藏。

▶ 第八节 花生间作高效栽培技术

间作是两种或两种以上作物构成复合群体,它们彼此间的植株外部形态不同,株高有大有小,根系分布有浅有深,对日照及水肥的利用率也不相同。花生间作是指在同一地块上,按一定的行比种植花生与其他作物,以充分利用地力与光能,获得多种产品或增加单位面积总产量和总收益的种植方法。

一 间作增产的原理

1.提高光能利用率

花生与其他作物间作，既增加了全田植株密度，又增加了叶面积系数。利用不同作物间的差别把花生与其他作物恰当地搭配起来，增加单位面积上的种植密度和叶面积指数，从而更充分地利用空间，提高对土壤和光能的利用率。

2.改善农田小气候

间作可以增加高秆作物的通风性、透光性，从而改善农田小气候。经山东省花生研究所测定，在玉米与花生间作地块，距地面50厘米处的日照为自然日照的80%，距地面25厘米处的日照为自然日照的40%，分别高出玉米单作地块42.7%和2.7%。

3.调节土壤温湿度，提高土壤养分

间作可以增加单位面积上的种植密度，提高地面植株覆盖度，减少地表热量损失和水分蒸发，使田间土壤平均温度和湿度均有一定程度的提高。间作还可以促进土壤养分的转化、分解及微生物的活动，并有利于根系进行营养吸收利用。山东省农业科学院研究发现，玉米与花生间作地块比玉米单作地块含氮量提高了3.5%，含磷量提高了23%。

4.提高抗逆能力，促进丰产稳产

两种作物间作，由于作物种类不同，对自然条件的适应程度有一定差异，在遭遇恶劣气候或自然灾害时，一种作物受到影响而减产，而另一种作物可能受影响较轻，仍可保证地块有一定的收成。

二 间作特点及主要间作方式

(一)间作的基本特点

间作的基本特点是两种或两种以上的作物在田间构成复合群体，它

们之间既相互竞争，又相互补充；作物搭配如果不合理，不仅不能增产，还会减产。因此，实行间作要从具体的条件出发，对作物种类和品种的选择、各种作物的比例和密度、种植方式、水肥和田间管理等方面进行综合考虑，尽量避开不同作物之间的竞争性，充分利用它们之间的互补性。

1.选择适宜的作物种类及品种

在作物种类的搭配上，要注意通风透光效果和作物对肥水的不同需求。生产上常有"一高一矮、一肥一瘦、一圆一尖、一深一浅"的说法。"一高一矮"和"一肥一瘦"是指高秆作物和矮秆作物搭配、枝叶繁茂作物和株型紧凑作物搭配，以确保田间通风透光。"一圆一尖"是指圆叶作物和尖叶作物搭配，圆叶作物主要是指豆科作物，尖叶作物是指禾本科作物；叶形的差别也是株型上的差异，两者搭配有利于通风透光；同时，豆科作物可以固氮，减少土壤中氮素的消耗，有利于禾本科作物生长。"一深一浅"是指深根与浅根作物搭配，此搭配可以合理利用不同土层的水分和养分。

在品种的选择上要注意不同作物对间作模式的适应性。在花生与高秆作物间作时，因日照条件差，花生应选用耐阴性强、适当早熟的品种；高秆作物则应选择株型矮小紧凑、抗倒伏的品种，尽量增加花生的日照时长。

2.确定合理的间作模式

合理的间作模式是发挥复合群体优势，充分利用资源和解决作物间竞争的关键。只有间作模式合理，才能在增加复合群体密度的同时，保持良好的通风透光条件。在花生与玉米间作地块中，田间生长环境对花生生长影响较大，特别是靠近玉米的边行花生受影响最大，每穴结果数、饱果数、单产仅相当于单作花生的55.6%、42.6%、44.1%（表2-1）。所以，在间作模式的选择上，应根据土壤及作物进行合理安排。

表2-1　花生与玉米间作对花生结实性状的影响

花生行位 (从靠玉米起)	饱果/(个/穴)			瘪果/(个/穴)			总计	产量	
	单仁	双仁	合计	单仁	双仁	合计		千克/公顷	占比/%
1	4.0	5.2	9.2	5.6	5.0	10.6	19.8	1 506	44.1
2	6.6	11.2	17.8	5.6	8.8	14.4	32.2	2 766	81.1
3	9.0	14.2	23.2	10.0	4.6	14.6	37.8	3 130.5	91.8
平均	6.5	10.2	16.7	7.1	6.1	13.2	29.9	2 467.5	72.3
单作	7.1	14.5	21.6	6.8	7.2	14.0	35.6	3 409.5	100

(二)主要间作方式

1.花生与玉米间作

以花生为主间作玉米。有花生、玉米行数比为8∶2、8∶3、10∶2、10∶3等多种模式,即种8行或10行花生,间作2行或3行玉米。这种方式可以适当扩大花生种植比例。

以玉米为主间作花生。这种方式一般要适当增加玉米种植比例,缩小株距或双株留苗,在保证玉米株数接近或等于单作的前提下,再在行间适当间作一部分花生。可采用扩大玉米行距,在每行玉米行间间作1~2行花生的种植方式;也可采用大小行种植玉米,在大行间间作2~6行花生的种植方式。

一般在土壤瘠薄又无灌溉条件的花生地里,不宜开展间作。在土质、水肥较好的条件下,进行以花生为主的间作时,应采用宽条带的间作方式,增加花生种植百分比,可以适当增加收益。应改善田间的通风透光条件,使花生在不减产或少减产的情况下,尽量多种植一些玉米。在品种的选择方面,间作玉米要选择早熟矮秆品种,以减轻玉米对花生的遮阳作用,花生要选择早熟耐阴品种。

2.果园林地间作花生

果园林地间作花生,不仅可以多种植花生,增加收益,而且可以减少

土壤侵蚀,提高土壤肥力,促进果树丰产。河南、河北、山东、辽宁等省利用苹果、枣、梨、桃等经济林地间作花生,华南各省区及四川利用柑橘、荔枝、桑树等幼林间作花生,湖南利用油茶林间作花生,都取得了较好的种植效果。

林地间种植花生,种植密度应根据林木空间的大小而定。幼林树冠小,根群分布小,间作花生可离树近一些;反之,成林树冠大,根系分布大,间作花生就必须离树远一些。花生、果树苗木都要施足肥料,以解决果树与花生争肥的矛盾。花生可选择早熟、高产的珍珠豆型品种,并注意轮作换茬。

3.花生间作西瓜

花生间作西瓜是近年发展起来的一项高效益的间作方式。这种方式在江苏、河南、山东等省均有实施。据试验结果,每亩可产花生荚果150千克左右、西瓜1 400千克左右。

(1)品种选择。西瓜应选择早熟、优质品种,以缩短与花生的共生期,并及早上市,提高商品价值。花生应选择早中熟高产大果品种。

(2)间作规格。一般采用6行花生间作2行西瓜模式。种植密度根据当地实际生产情况确定。为保证西瓜早生快发,可采用营养土纸筒育苗移栽,并用薄膜拱棚保护地栽培。

（三）花生-玉米间作高产栽培技术

花生、玉米间作属于典型的豆科与禾本科间作方式,被认为是在黄淮海平原缓解粮油争地矛盾的一种重要种植模式。发展花生与玉米带状复合种植,能够提高复种指数,合理利用光能、热量、水分、养分等资源,充分挖掘土地的增产潜力,提高我国油脂自给能力和土地当量比,同时具有减少病虫害、实现农业高产高效等优点,可较好地解决小麦-玉米单一轮作种植模式造成的土壤板结、地力下降、化肥农药施用量较多等问题,是实现油料作物与粮食作物同步增产的种植技术,具有广阔的应用前景。

花生-玉米间作模式具有三大优势:一是稳粮增油。充分发挥农作物边行效应,在实现玉米稳产高产的同时,每亩增收花生荚果200千克以上,可有效缓解粮油争地矛盾。二是改革种植模式。常年小麦-玉米单一轮作种植模式会导致土壤板结、地力下降,而引入豆科作物花生之后,就能利用花生固氮作用实现土地种养结合。三是减少肥料、农药投入。禾本科与豆科轮作具有改良土壤、降低病害等作用,根据黄淮海平原砂姜黑土花生、玉米养分需求规律及肥料运筹技术,进行肥料后移或施用控释肥,可使化肥、农药投入减少8%以上。

(一)品种选择

选择适合当地生态环境、通过省或国家审(鉴、认)定或登记的花生、玉米品种。玉米选择株型紧凑、抗倒伏、耐密植、抗逆性强、高产优质的品种,花生选择耐荫蔽、可密植、结果多、抗病的高产优质品种。

(二)种子处理

花生种子处理:播种前15天左右,可选晴天连续晒种2～3天,最好在土质晒场上晒种,以免高温损伤种子。适宜剥壳时间是播种前10天左右,应避免过早剥壳使种子吸水受潮、感染病菌或受到机械损伤。试验和实践证明,剥壳愈晚,种子生活力愈强,出苗愈整齐健壮。剥壳后选大而饱满的花生仁作为种子。

玉米种子处理:精选饱满均匀一致、没有病虫害的种子。

根据种植区土传病害和地下害虫发生情况,选择适宜的药剂在播种前对玉米和花生种子进行拌种或包衣,以防控地下害虫和苗期病虫害。

(三)精细整地

前茬作物收获后,应及时灭茬。整地时应深耕、细耙、精整,耕深一般为25～30厘米,使土层深厚、平整、疏松、细碎、湿润。应实行畦作或垄作,

以加厚耕作层,便于排灌,提高地温,增加通风性、透光性。

(四)科学施肥

结合深耕整地,施足基肥是保证花生、玉米高产稳产的一项重要措施,也是花生施肥的主要方法。施足基肥不仅要求基肥有足够的数量,而且要求基肥有较高的质量。基肥以有机肥＋速效氮、磷、钾肥为宜。耕地前每亩施用有机肥2 000千克,同时每亩施用氮肥8～11千克、磷肥6～8千克、钾肥8～10千克。另外,可根据土壤养分丰缺情况,适当施用微量元素肥料。

(五)间作模式

在花生–玉米间作模式中,花生、玉米的行数比以8∶3(8行花生间作3行玉米)为宜,也可结合当地气候条件来选择适宜的种植比重(图2–3)。花生与玉米间行距为60厘米,玉米行距为55厘米(为了便于现有机械化操作,可以将玉米行距调整为60厘米),株距为15厘米,每穴播种2粒,留1棵苗;花生垄距为85厘米,一垄2行,垄上小行距为30～35厘米,穴距为14厘米,每穴播种2粒。

图2–3　花生间作玉米

(六)播种

最佳播种时间为6月15日以前,即小麦收获后及时抢墒播种。可使用机械播种模式来分别播种花生带和玉米带,花生采用花生播种机械播种,玉米采用玉米播种机械播种;也可采用玉米、花生一体化播种机械,实现花生、玉米同时播种。播深为3~5厘米。播种量为:花生每亩播种15~17千克,玉米每亩播种1.5~2千克。播种应均匀,无漏播。

(七)田间管理

1.补苗、间苗

花生、玉米出苗后,应及时查苗,缺苗断垄应及时补种或移栽。玉米在2~3叶期间苗,4~5叶期定苗,定苗时留单株,并保证苗的大小一致,如两株之间缺苗,可在缺苗两边留双株,要剔除弱苗、小苗、杂苗,确保苗全、齐、匀、壮。花生连续缺苗的地方要及时进行人工补种。

2.水肥管理

(1)水分管理。花生、玉米苗期都比较耐旱,适度干旱有利蹲苗,可促进根系深扎,但过度干旱时应及时灌溉。花生开花、玉米拔节以后,需水量明显增加,花生结荚饱果期和玉米抽雄期前后是这两种作物的需水临界期,此期如遇干旱,应及时灌溉。两种作物生育期如遇暴雨或连阴雨,应及时排涝。可采用滴灌或喷灌方式,杜绝大水漫灌。

(2)追肥。花生追肥:花生在生育中、后期植株有早衰现象时,可每亩喷施叶面肥(2%~3%的尿素水溶液和0.2%~0.3%的磷酸二氢钾水溶液)40~50千克;可喷施两次,间隔7~10天进行第二次喷施。也可喷施经农业部门或省级相关部门登记的其他叶面肥料。玉米追肥:在施足底肥的前提下,第一次追肥在拔节期进行,每亩追施尿素4~5千克;第二次追肥在大喇叭口期,可追施尿素4~5千克。可在雨前追肥或追肥后浇水;追肥切忌靠近玉米根系,以免伤根烧苗。

3.化学调控

盛花期,当花生主茎高度达到40厘米时,应及时喷施化学调控药剂,以控制主茎高度,防止徒长。

4.病虫草害综合防控

按照"预防为主,综合防控"的原则,优先进行农业防控、生物防控、物

理防控,合理进行化学防控。可使用杀虫频振灯、色板、性诱剂、食诱剂等诱控技术灭杀棉铃虫、甜菜夜蛾、蛴螬、地老虎等害虫,降低虫源基数。播种后、出苗前应及时喷施化学除草剂进行封闭;封行前可用化学药剂除草,封行后需要人工除草。

在田间病虫害发生初期,应及时喷施适宜的杀虫剂、杀菌剂进行防治。玉米主要病害是条锈病,玉米虫害主要有玉米螟、红蜘蛛等,可在玉米大喇叭口期喷施20%吡虫啉和多菌灵进行病虫害防治,用3.2阿维菌素防控红蜘蛛。花生主要虫害有红蜘蛛、蓟马、叶螨等,可施用吡虫啉等药剂进行防治。在防病治虫过程中可加入磷酸二氢钾和锌肥,以利于花生开花、授粉,以及增加玉米粒数及粒量。

另外,要注重健康栽培和抗逆调控。通过合理排灌、科学施肥、及时清洁田园以及苗期喷施植物生长调节剂或免疫诱抗剂等健康栽培措施,提高植株抗逆性,降低病虫害暴发风险。

(八)适时收获

当花生70%以上荚果果壳硬化、网纹清晰,果壳内壁呈青褐色斑块时应及时收获;当玉米籽粒乳线基本消失、基部黑层出现时即可收获。收获后要及时晾晒,晾晒标准为花生荚果含水量不超过10%、玉米籽粒含水量不超过13%后即可入库贮藏。

第三章 花生病虫草害及黄曲霉病防治技术

花生在全生育期内会受到诸多不利因素的影响，其中病虫草害及黄曲霉病对花生产量和质量的影响最大。本章重点对花生主要病虫草害及黄曲霉病的危害症状、防治要点等进行阐述。

▶ 第一节 花生主要病害及防治技术

花生病害包含叶部病害、茎根部病害和荚果病害。叶部病害主要有花生叶斑病（褐斑病和黑斑病）、网斑病、锈病、疮痂病、轮斑病、焦斑病、炭疽病、灰斑病等真菌性病害，以及花生花叶病（包括花生条纹病毒病、花生黄花叶病毒病、花生普通花叶病毒病）等病毒性病害；茎根部病害主要有花生冠腐病、花生茎腐病、花生白绢病、花生立枯病、花生菌核病、花生纹枯病、花生黑腐病、花生灰霉病、花生青枯病、花生根腐病等；荚果病害主要有花生果腐病、花生紫纹羽病等。此外，还有对叶片、果针和整个植株生长有害的花生丛枝病毒病和花生根结线虫病。

一 花生叶部病害

1.花生叶斑病（褐斑病和黑斑病）

花生褐斑病又称"花生早斑病"，发病部位主要是叶片，严重时叶柄、托叶、茎秆和果针也会发病。病原菌侵染叶片后，叶片正面会出现黄褐色或深褐色的小斑点，后期会发展成近圆形病斑，病斑边缘有一圈明显的

黄色晕圈(图3-1),叶片背面呈黄褐色。遇到潮湿的环境,叶片正面的病斑上会产生黄褐色的分生孢子梗和分生孢子。叶片发病后容易脱落,严重时会导致整株的叶片脱落、植株早衰或枯死。花生褐斑病病原菌以子座、菌丝团或子囊腔形式在花生病残体上越冬。来年在适宜的条件下,菌丝会直接产生分生孢子,借助风雨等介质进行传播侵染。当温湿度适宜时,分生孢子会反复侵染叶片,导致褐斑病暴发。该病害在全世界各花生产区均有发生,但在不同地区和不同年份间发生程度差异较大。

图3-1　花生褐斑病叶片正面症状

花生黑斑病又称"花生晚斑病",主要危害叶片,严重时叶柄、托叶、茎秆和荚果均会受害。该病常与褐斑病同时发生,病斑正反面均呈黑褐色,有的花生品种病斑边缘有黄色晕圈,但晕圈较小,没有褐斑病明显,有的品种则没有;病斑一般比褐斑病病斑小,近圆形或圆形(图3-2)。叶片背面病斑通常会产生许多黑色小点(分生孢子座),黑斑病发病严重时会产生大量病斑,引起叶片干枯脱落,也可侵染茎秆,使其凹陷,严重时会导致茎秆变黑枯萎。黑斑病病原菌以菌丝体和分生孢子座形式随病残体遗落在土壤中越冬,或以分生孢子形式黏附在花生荚壳、茎秆表面越冬,来年借助风雨等进行传播,以分生孢子形式从寄主表皮或气孔侵入发病。

图3-2　花生黑斑病叶片背面症状

　　花生叶斑病在全国花生产区均有发生。通常淮河以北花生产区以黑斑病为主,淮河以南花生产区以褐斑病为主,常常在同一田块混合发生。花生叶斑病会导致产量损失10%~20%,重病年损失30%~40%。通常在温暖(25~28℃)、高湿(湿度在80%以上)和多雨、雾露天气时发病严重,连作田和肥力差的田块发病严重,晚熟品种较早熟品种发病严重。花生生育前期发病少而轻,老叶及老龄器官发病多且严重。

　　花生叶斑病防治技术:①选用抗病花生品种;②合理轮作,加强田间管理,平衡施肥并及时清理田间病残体,减少越冬病菌源;③适时喷药,一般在花生播种65天后开始喷施阿米妙收药剂,共喷3次,每次间隔10天左右。

2.花生网斑病

　　花生网斑病又称"花生褐纹病""花生云纹斑病""花生污斑病""花生泥褐斑病"等,是由花生茎点霉(分为无性世代和有性世代)引起的以危害叶片为主的一种花生病害。该病在世界各温带花生产区均有发生,主要分布在我国黄淮及北方花生产区。该病在花生全生育期均可发生,主要发病期为花生生育中后期,以危害叶片为主,花生茎秆和叶柄也会受害。

一般先从下部叶片开始发病,叶片被病原菌侵染后,叶片正面通常会表现两种类型:污斑型和网纹型。污斑型的病斑较小,初为褐色小点,后逐渐扩展成近圆形的深褐色污斑,边缘较清晰,四周有明显淡黄色的褪绿圈病斑,可穿透叶片,在背面形成比正面略小的病斑。网纹型叶片表面边缘形成中间不规则的白色网纹状或星芒状黑褐色病斑,病斑较大似网状,边缘不清晰,常扩大形成连片的黑褐色病斑,周围无黄色晕圈或着色不均匀,病斑仅危害叶片表皮细胞,通常不穿透叶片(图3-3)。与花生叶斑病发病规律相似,该病病菌以菌丝、分生孢子等形式在花生病残体上越冬,来年在适宜的条件下,借助风雨、气流等介质传播至寄主叶片直接侵染。低温、高湿是花生网斑病发生的关键条件,环境适宜时,发病速度较快,叶片上会迅速产生大量病斑,常导致叶片褪绿、脱落。

图3-3 花生网斑病症状

花生网斑病防治技术:①选用抗病花生品种;②合理轮作,平衡施肥,科学灌溉,中耕除草,及时清理沟渠;③花生收获后及时清理田间病残体,深耕翻土,加强日晒和冻土,减少侵染源;④开始发病时用苯并咪唑类、三唑类杀菌剂等进行防控,间隔7~10天喷药1次,合计喷药2~3次。

3.花生锈病

花生锈病是由花生柄菌引起的一种真菌性花生病害,主要危害花生叶片,也会危害叶柄、托叶、茎秆、果柄和荚果等。该病是一种世界性花生病害,我国花生各产区均有发生。其中,广东、江西以秋播花生受害较为严重,湖北、江苏以夏播花生受害较为严重。该病害在花生各生育时期均会发生,结荚后期发生较严重。发生锈病会导致植株提早落叶、早熟,造成花生减产,也会使出仁率和出油率显著下降。发病越早,减产愈严重,一般可减产15%左右,重病年可减产50%。

花生叶片受锈菌侵染后,在叶片正面和背面会出现针尖大小的淡黄色斑点,然后病斑逐渐变圆,并扩大为淡红色凸起斑,随着病斑表皮破裂出现红褐色粉末状物,为病菌夏孢子。叶片正面的夏孢子比背面的少且小,随着夏孢子堆增多,叶片上病斑较多时,叶片会干枯变黄,呈烧焦状,一般不脱落(图3-4);病害严重时植株会枯死。一般植株下部叶片先发病,逐渐向上发展。叶柄、托叶、茎等其他部位发病形成的夏孢子堆与叶片上相似,托叶上的夏孢子堆稍大,叶柄、茎和果柄上的夏孢子堆呈椭圆形,直径为1~2毫米,但夏孢子堆数量较少。

图3-4　花生锈病症状

花生锈病夏孢子可借助气流进行远距离传播,每年夏季热带气旋将锈菌孢子带到亚热带和温带地区,不同播种期夏孢子的辗转传播是主要侵染源。锈菌也可随秋播花生落粒自生、花生病残体及带病菌荚果和种子侵染传播。当条件适宜时,夏孢子可以进行多次再侵染,在田间形成发病中心。受气候因素影响,花生锈病在不同年份间的发病程度和产量损

失差异较大。

花生锈病防治技术:①选用抗病花生品种。②合理轮作,特别是春、秋花生不宜连作。花生收获后,应及时清理田间病蔓、落粒自生苗等。③加强田间栽培管理,及时排水防渍害,降低田间湿度。④发病初期选择三唑类、代森锌、百菌清等,每隔7~10天喷药1次,连续喷药3~4次。

4.花生疮痂病

花生疮痂病是落花生痂圆孢菌引起的一种花生病害。该病主要危害叶片、叶柄和茎秆,托叶和果柄也会受害。花生疮痂病主要发生在亚洲和南美洲,巴西、阿根廷和日本均有报道,我国多数花生产区均有发生,主要发生在广东、福建等南方产区,安徽省较少发生该病害。花生各生育时期均会发病,主要发生在下针结荚期和饱果成熟期。该病会导致植株矮缩,叶片变形、皱缩、扭曲(图3-5),会严重影响花生的产量和质量,一般发病地块会减产10%~30%,发病严重地块减产在50%以上。

图3-5 花生疮痂病症状

花生感染落花生痂圆孢菌后,叶片正反面会出现大量圆形或不规则形状的淡棕褐色病斑,病斑大小为1毫米左右,中间凹陷,边缘凸起,叶片不平滑,叶片边缘扭曲。叶柄和枝条上的病斑数量多且大,比叶片上的病斑更不规则。叶柄和分枝上的病斑可发展为溃烂疮痂,严重时呈烧焦状。病害发生到后期时,茎秆会严重扭曲似"S"形,花生生长受阻。病菌主要通过病残体越冬,带菌荚果、调运种子均会成为翌年的侵染源。低温和阴雨天气利于该病发生。

花生疮痂病防治技术:①选用抗病花生品种;②合理轮作,施足基肥,减少追肥;③发病初期喷洒甲基布津、世高、爱苗等杀菌药剂,每隔7~10天喷药1次,连续喷药2~3次。

5.花生轮斑病

花生轮斑病是主要发生在花生叶片上的一种病害。叶片靠近叶缘形成淡褐色或黑褐色的轮纹病斑,病斑呈圆形或近圆形,轮纹密集,粗细不一致,上生黑色霉层,为病菌的分生孢子梗和分生孢子。叶片坏死的边缘通常会有一条清晰的黄色晕圈(图3-6)。病害发生晚期,叶片坏死的区域会变成暗褐色,质地脆弱易碎裂;病害严重时会导致落叶。花生轮斑病田间症状类似于焦斑病,二者通常很难区分。花生轮斑病病菌主要以分生孢子或菌核形式在田间病残体上越冬,成为第二年的初侵染源。条件适宜时,病菌萌发产生分生孢子,通过气流、雨水传播,侵染寄主的染病部位。

图3-6　花生轮斑病症状

花生轮斑病防治技术:①选用抗病花生品种;②合理轮作,合理施肥,加强田间管理,提高花生抗病能力;③播种前,用多菌灵或福美双拌种;④发病早期喷施腐霉剂、异菌脲药剂等,间隔7天喷药1次,连续喷药2~3次。

6.花生焦斑病

焦斑病又称"叶焦病""斑枯病""胡麻斑病",是由落花生小光壳菌引

起的一种花生病害,主要危害叶片,也危害叶柄、茎秆和果柄。该病害在我国各花生产区均有发生,以河南、山东、湖北、广东和广西等省区发生偏多。该病会使花生叶片产生焦斑和胡麻斑两种症状(图3-7),多从叶尖开始发病,病斑呈楔形或半圆形向内发展,病斑边缘有黄色晕圈,后逐渐变成深褐色,直至枯死呈焦状破碎。在与其他叶部病害混合发生时,该病病斑常把其他病斑包含在内。当病原菌从叶片非边缘侵染时,叶片正面会产生很多褐色或黑色的小斑点,表现出明显的胡麻斑症状。

图3-7 花生焦斑病症状(左图为焦斑,右图为胡麻斑)

花生焦斑病防治技术:①选用抗病花生品种;②加强田间管理,增施磷肥、钾肥,提高花生抗病能力;③花生收获后,及时清除病残体,深耕翻土;④发病初期,用50%三氯异氰尿酸1 500倍液,或80%多菌灵可湿性粉剂500~800倍液,或75%百菌清500~800倍液进行防治,隔10~15天喷1次,病害严重时喷施2~3次;严重时也可选用10%苯醚甲环唑或30%苯甲·丙环唑3 000~4 000倍液喷施进行治疗。

7.花生炭疽病

花生炭疽病是平头刺盘孢菌和花生刺盘孢菌等引起的一种花生病害。亚洲、非洲、美洲等均有发病报道,我国南北花生产区均有零星发生,但一般危害较轻。该病主要危害叶片,也会危害叶柄、茎秆,通常下部叶片先发病,逐渐向上发展,植株下部发病情况较多见。先从叶缘或叶尖发病,病斑沿主脉扩展,病斑呈褐色或暗褐色,有许多不明显的小黑点,边缘呈浅黄褐色,病斑常现轮纹(图3-8)。叶尖病斑呈楔形、长椭圆形或其他不规则形状并沿主脉扩展。

图3-8 花生炭疽病症状

花生炭疽病防治技术:①选用抗病花生品种;②晒好花生种子,减少种子带菌,实行轮作,合理密植;③配方施肥,清沟排水,及时清除或深埋病残体,深耕翻土;④用杀菌剂拌种,发病后可用炭疽福美双、甲基硫菌灵、苯菌灵、多菌灵、咪鲜胺锰盐等喷雾进行治疗。

8.花生灰斑病

花生灰斑病在我国各花生产区均有发生,但危害一般较轻。病原初始侵染叶片受伤或坏死的组织,之后扩散到新鲜组织。病斑呈近圆形或不规则形,边缘有一红棕色的环。病斑初始呈黄褐色,后期中央变成红褐色至枯白色,上面散生许多黑色小点,为病菌分生孢子器。病斑常穿孔或破裂,多个病斑连成一片后会形成更大的坏死斑(图3-9)。

图3-9 花生灰斑病症状

花生灰斑病防治技术：①选用抗病花生品种；②合理轮作，加强田间管理，合理施肥；③适时喷药进行防治，发病早期可喷施苯并咪唑类、三环唑类药剂，间隔7天左右喷药1次，连续喷药2~3次。

9.花生病毒病

花生病毒病主要分为条纹病毒病、黄花叶病毒病、普通花叶病毒病三种类型。

花生条纹病毒病又称"花生轻斑驳病毒病"，是由条纹病毒引起的一种花生叶部病害。该病害症状一般较其他花生病害症状轻，病株一般不明显矮化，叶片不明显变小。但种子传染和早期感染发病的植株会矮化，且可导致花生减产20%左右。该病害有种子传染和蚜虫传染两种侵染源。种子传染是花生病苗初侵染源，受种子传染的花生一般在播种后10~15天发病，全株叶片均会出现斑驳和条纹，长势较弱，植株矮小。受蚜虫传染的花生发病后，先在顶端嫩叶上产生褪绿斑和环斑，之后沿叶脉形成断续的绿色条纹或叶状花斑，或一直呈现系统性的斑驳症状，叶片症状会一直持续到植株生长后期。

花生黄花叶病毒病又称"花生花叶病毒病"，是由黄瓜花叶病毒中国花生株系引起的花生叶片黄绿相间的花生叶部病害。感染该病害后，病株先在顶端嫩叶上产生褪绿黄斑，叶脉变淡，叶色发黄，叶缘上卷，常与花生条纹病毒混合发生，表现为黄绿相间的黄花叶、花叶、网状明脉和绿色条纹等各类症状。通常植株中度矮化，但叶片不变形，病株结荚数减少，荚果变小。

花生普通花叶病毒病又称"花生矮化病毒病"，是由花生矮化病毒引起的花生病害，主要发生在我国渤海湾的花生产区。受感染的病株较矮小，长期萎缩不长，节间短，植株高度常为健株的1/3~2/3，单叶片变小且肥厚，叶色浓绿，结果少而小，似大豆粒，有的果壳开裂，露出紫红色的小果仁，须根和根瘤明显稀少。带毒种子和刺槐是初侵染源，其病毒在田间会被蚜虫以非持久性方式传播。

花生病毒病防治技术：①选用种子传染率低的抗病花生品种；②采用无毒或低毒种子，杜绝或减少初侵染源；③应用地膜覆盖种植，并驱除蚜虫，减轻病毒病的传播及危害；④及时拔除病株及其周围的杂草和其他蚜虫寄生的植物，减少侵染来源；⑤使用药剂防控蚜虫进行防病，用2.5%高效氯氰菊酯1 000倍液或用3%啶虫脒乳油1 000倍液喷施花生田，可有效控制花生病毒病的蔓延。

二 花生茎根部病害

1.花生冠腐病

冠腐病又称"黑霉病""曲霉病"等，是由黑曲霉菌引起的一种花生茎基部病害。该病害在世界各地都有发生，我国各花生产区发生也较为普遍，且近年有明显加重趋势。该病主要危害花生茎基部，也会危害种仁和子叶。花生从播种、出苗到成熟都可能感染发病，多在花生出苗至团棵期发病，成株期较少发病。

在湿润的土壤环境下，花生种子在土壤中被侵染，会导致出苗前腐烂。受侵染的种子被黑色分生孢子堆覆盖，受害子叶变黑腐烂，受害根颈部凹陷，外观呈黄褐色至黑褐色。花生出苗后，病菌侵染幼苗的子叶和胚轴接合部，进而侵染茎基部，受侵染的组织变成水浸状，呈淡褐色，并被黑色的孢子所覆盖，导致整株快速失水，随着病害的发展，整个根颈区变成暗褐色并溃烂导致幼苗死亡（图3-10左）。随着植株长大，抗逆性增强，死苗现象会减少。花生成株期也会受到危害，接触土壤表面的茎基部最易受侵染，并沿主茎或枝条向上扩展。由于成株的木质化，受侵染部位症状一般不明显，全部植株或部分枝条枯萎时才会明显表现出症状。植株枯萎死亡后，拔起病株时易从病部（根颈区）折断（图3-10右）。

花生冠腐病防治技术：①选用抗病花生品种；②采用无病种子，播种

图3-10　花生冠腐病茎基部症状(左图为苗期症状,右图为成株期症状)

前用多菌灵药剂拌种,播种不宜过深;③实施轮作,加强田间管理,及时排除田间积水,除草松土时不要伤及花生根部。

2.花生茎腐病

茎腐病又称"颈腐病""倒秧病"等,是由棉色二孢菌引起的一种花生病害,主要危害茎、根、子叶和荚果等部位,发病部位多为与表土层交界的根颈部和茎基部。我国各花生产区均有发生,山东、河南、安徽等北方花生产区发病较重。该病害从苗期到成株期均会发生,主要发生在苗期和成株期,常造成植株枯死、荚果不实或腐烂发芽。幼苗期病原菌从子叶或幼根侵入,使子叶变黑褐干腐状,根颈部产生黄褐色水浸状病斑,后变成黑褐色,且组织腐烂。在潮湿条件下,病变部位产生黑色小凸起,表皮易脱落。成株期发病部位多在茎基部贴近地面处(第一对侧枝处),随后病斑向上和向下发展,茎基部变黑枯死,部分侧枝或全株枯死或主茎和侧枝分期枯死(图3-11)。

花生茎腐病防治技术:①选用抗病花生品种;②采用无病种子,播种前用杀菌剂拌种;③实施轮作,加强田间管理,增施肥料,提高花生抗病能力;④发现病株及时拔除,根部灌注苯并咪唑类杀菌剂。

图3-11　花生茎腐病症状

3.花生白绢病

花生白绢病是由齐整小核菌(有性态为罗耳阿太菌)侵染引起的一种重要土传真菌性花生病害,主要危害植株茎部、果柄、荚果及根部。花生白绢病在美国和印度等主要花生种植国家发生较普遍,在我国多个花生产区也有发生。近年来,由于耕作制度和气候条件的改变,该病危害程度有逐年加重的趋势,已发展成为花生的主要病害之一,成为制约花生产量和质量的重要因素。花生各生育时期均会受到白绢病菌侵染,花生根、荚果及茎基部受害后,初呈褐色软腐状,地上部根颈处有白色绢状菌丝,故称为白绢病。该病原菌在高温高湿条件下侵染花生,染病植株地上部分可被白色菌丝所覆盖,然后扩展到附近的土面,传染到其他植株上(图3-12)。该病原菌主要以菌核或菌丝形式在土壤或病残体上越冬,并可以存活5~6年,在田间靠流水或昆虫传播蔓延。沙质土壤、连续重茬、种植密度过大、播种过早、阴雨天发病较重。

花生白绢病防治技术:①选用抗病花生品种;②选用无病种子,播种前用药剂拌种;③与水稻、小麦、玉米等禾本科作物实施3年轮作,施用有机肥,改善土壤通透性;④春播花生适当晚播,苗期清棵蹲苗,提高抗病力;⑤发病初期可每株喷施50%苯菌灵可湿性粉剂或50%腐霉利(速克灵)

图3-12　花生白绢病症状

可湿性粉剂进行治疗。

4.花生立枯病

花生立枯病又称"花生叶腐病",是由立枯丝核菌引起的一种花生病害。花生各生育时期均会发病,主要在花生苗期发病,造成叶片枯萎、腐烂,严重影响花生产量和质量。我国北方和长江流域花生产区均有发病。病原菌侵染可导致花生种子在出苗前腐烂。幼苗受侵染发病后,近地面的茎基部产生褐色凹陷病斑,病斑环绕茎基和根部引起植株死亡,侵染根部引起根系腐烂。成株期病害通常先在底部叶片和茎部发生,茎部、叶尖和叶缘会产生暗褐色病斑。在潮湿条件下,病斑迅速扩展,叶片变黑褐色干枯卷缩;然后由底部逐渐向植株中上部茎和叶片蔓延,病部产生灰白色棉絮状菌丝,形成灰褐色或黑褐色小颗粒菌核。发病轻时,底部叶片腐烂脱落;发病重时,整个植株干枯死亡。病菌侵染果针和荚果,会导致荚果腐烂或品质下降。

花生立枯病防治技术:①选用抗病花生品种;②选用无病种子,播种前用药剂拌种;③避免连作或与立枯病重的水稻轮作;④建好排灌系统,及时排除积水,降低田间湿度;⑤发病初期及时喷施恶霉灵杀菌剂,治疗效果较好。

5.花生菌核病

花生菌核病包含花生小菌核病和花生大菌核病。花生小菌核病是由落花生核盘菌引起的一种花生病害,主要危害花生根部及根颈部,也会危害花生茎、叶、果柄及果实。花生大菌核病是由落花生核盘菌、宫部核盘菌引起的一种花生病害,主要危害茎秆,也会危害根、荚果、叶片和花。花生菌核病在中国南北花生产区均有发生。该病常发生在花生生长后期,会造成植株枯萎死亡;多零星发生,危害不大,个别年份或局部地块危害较重。叶片被侵染后形成近圆形的暗褐色病斑,潮湿环境下病斑扩大为不规则形状,水浸状软腐。茎部病斑初为褐色,后扩大为深褐色,最后呈黑褐色,受害部位软腐,病部以上茎叶萎蔫枯死。在潮湿条件下,病变组织周围形成灰褐色绒毛状霉状物,后变为灰白色粉状物。受害果柄腐烂易断裂;受害荚果呈褐色,在表面或荚果里产生白色菌丝体及黑色菌核,可引起果仁腐败或干缩。

花生菌核病防治技术:①选用抗病花生品种;②合理轮作,重病田实施水旱轮作或与小麦、玉米、甘薯等轮作3年以上;③合理密植,适度深耕,高畦种植;④选用无病种子,播种前用药剂拌种;⑤花生花针期或发病初期可选用异菌脲、菌核净、腐霉利等药剂进行防治。

6.花生纹枯病

花生纹枯病是由茄丝核菌引起的主要危害花生叶片和茎枝的一种病害,主要发生在我国南方产区和长江流域产区,尤其在广东、福建和四川等地发病较为严重。该病害发病期主要是花生成株期。花生植株封行后,植株下部叶片被病菌侵染后产生水浸状暗绿色病斑,之后病斑不断扩大成云纹状斑,菌丝常把附近叶片粘叠在一起。天气干燥时,病斑扩展慢,病斑呈浅黄色,边缘呈褐色。田间湿度较大时,病斑扩展较快,向上部叶片蔓延,下部叶片随之腐烂脱落,并在叶片上长满白色菌丝,菌丝集结成白色菌核,菌核逐渐变黄,最后呈褐色。当发病严重时,茎枝会变软腐引

起倒伏。

花生纹枯病防治技术：①选用抗病花生品种；②推广高垄双行栽培，及时排除田间积水；③收获后及时清除病残体，深翻土地，减少越冬病菌源；④发病初期可喷施井冈霉素、多菌灵、纹枯利等杀菌剂进行治疗。

7.花生黑腐病

花生黑腐病是由花生黑腐病病菌侵染引起的一种花生土传真菌病害。该病害多发生于花生生长中后期，特别是在花生收获前，主要侵害植株近地面部位，病株主茎与侧枝茎基部、根头部、子房柄、荚果等部位均会受害，常导致茎基部变褐腐烂及荚果腐烂，病株叶片枯萎乃至全株枯死。拔起病株检视，患部表面密生棕红色小粒点，病株附近的土壤亦黏附着棕红色小粒点。苗期病原菌先侵染子叶使其变黑腐烂，继而侵染幼苗根颈部。病原菌侵染植株的地下组织时，常使主根变黑并坏死，根尖脱落，根部和荚果会出现黑色凹陷的伤口。在潮湿环境下，病部会长出许多霉状物覆盖茎基部，使茎叶失水萎蔫死亡。花生黑腐病菌在25℃时生长变慢，超过35℃则会停止生长。

花生黑腐病防治技术：①选用抗病花生品种；②选用无病种子，播种前用药剂拌种；③重病花生田避免连作，有条件的可以实施水旱轮作1年或2年；④雨后及时清沟排除田间积水，防止大水漫灌，适当增施磷肥、钾肥，勿偏施或过施氮肥；⑤发病初期及时喷施百菌清、托布津可湿性粉剂或多菌灵等进行治疗。

三 花生荚果病害

1.花生果腐病

花生果腐病又称"花生烂果病"，主要表现为花生荚果腐烂，轻时半个荚果呈褐色或黑色，里面的果仁小而硬实，发育不良，果皮发黄，严重时整个荚果都变为深黑色，果壳和果仁均腐烂，一般整株或呈点片状发生，严重影响花生产量和品质。花生果腐病是一种世界性花生病害,在我国各花生产区均有发生。花生果腐病在花生进入结荚期一直到收获期,均有发病的可能,果壳受侵染后出现淡棕黑色病斑,病斑进一步扩大连成片,整个荚果表皮变色(图3-13)。腐烂组织的结构和颜色随土壤有机质成分的变化而变化。烂果的植株地上部分正常,一般不表现萎蔫症状。

图3-13　花生果腐病症状

花生果腐病防治技术:①选用抗病花生品种;②实施轮作换茬或异地换种;③平衡施肥,增施有机肥及钙、硫、锌、锰、硼等中微量元素肥料,花生成熟期将石膏直接撒于结果部位的地面上;④播种前,用福美双药剂拌种;⑤发病初期用根腐灵或多菌灵喷施或灌根,防治镰刀菌等。

2.花生紫纹羽病

花生紫纹羽病病原菌主要侵染花生根部、茎基部和荚果。1991年,河南滑县花生田首次发现该病。该病害在各花生栽培区均有零星发生,尤其是在辽宁、安徽、湖北、江苏等花生主要产区发生。发病多从花生根尾部细根开始,逐渐蔓延至主根、茎基部和荚果。发病初期根、荚果表面缠绕白色根状菌索,后菌索逐渐转为粉红色,最后呈紫红色。网布的菌索密结于根、荚果表面,形成紫红色的绒状子实体。检查根部时,可见幼根呈黄褐色,以后变黑、腐朽,主根皮层软化腐败,外面覆有厚的紫褐色网状菌丝束,且容易脱落。花生地上部分生长不良,自茎基渐次向上发黄枯落,最后病根腐烂,导致全株枯死。荚果上亦覆盖紫色菌丝层,其上着生

无数小菌核。荚果早期发病变褐腐烂,不能形成果仁;后期发病,病果较健果小而皱,病果收获晒干后荚壳一捏即裂(图3-14)。

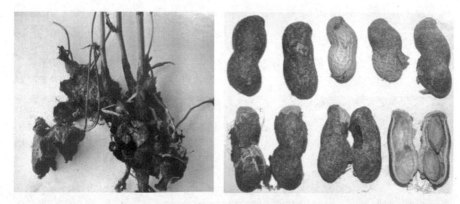

图3-14　花生紫纹羽病症状

花生紫纹羽病防治技术:①选用抗病花生品种。②播前晒种,切断种传途径。③轻病区实行与禾本科作物2年以上轮作,重病区实行与禾本科作物4年以上轮作;勤中耕,以提高地温,培育壮苗,增强抗病能力;增施磷、钾肥,多施有机肥,酸性土壤要增施碱性肥料,如石灰或石灰氮等。④收获后清除田间病残体,集中销毁,并深翻土壤。⑤发病初期或花针期用80%代森锰锌或0.5%硫酸铜或75%百菌清可湿性粉剂喷施,每隔10~15天喷药1次,共喷药2~3次。

▶ 第二节　花生主要虫害及防治技术

花生虫害主要包括地下害虫、刺吸式口器害虫和食叶性害虫。安徽省花生产区地下害虫主要有蛴螬、小地老虎、金针虫、华北蝼蛄、种蝇等,刺吸式口器害虫主要有蚜虫、蓟马、叶蝉、花生跳盲蝽、白粉虱、叶螨等,食叶性害虫主要有斜纹夜蛾、甜菜夜蛾、棉铃虫、蝗虫、蜗牛、芫菁等。

一 花生主要地下害虫及防治技术

1.蛴螬

蛴螬是金龟子或金龟甲的幼虫,成虫通称为"金龟子"或"金龟甲",并分为华北大黑鳃金龟、暗黑鳃金龟和铜绿丽金龟等品种。华北大黑鳃金龟分布于我国东北、华北、西北、华中、华东等地区,暗黑鳃金龟分布于20余个省份,铜绿丽金龟主要分布于长江以北地区。蛴螬体肥大,较一般虫类大,身体弯曲呈"C"形,多呈白色,少数呈黄白色;头部呈褐色,上颚显著,腹部肿胀;体壁较柔软多皱,体表疏生细毛。蛴螬头大而圆,生有左右对称的刚毛,刚毛数目常作为分种的特征,如华北大黑鳃金龟的幼虫刚毛为3对,黄褐丽金龟幼虫刚毛为5对。蛴螬具胸足3对,一般后足较长。蛴螬腹部分10节,第10节称为臀节,臀节上生有刺毛,其数目和排列方式也是分种的重要特征(图3-15左)。

蛴螬主要在地下危害花生,通常咬断幼苗根茎,且断口整齐,致使幼苗枯死,造成缺苗断垄。在荚果成熟期,蛴螬会咬食花生荚果,形成大量空壳和破荚,造成花生严重减产(图3-15右)。

图3-15　蛴螬及受危害荚果症状

蛴螬发育为成虫共3龄。1、2龄期较短,第3龄期最长。成虫交配后10～15天产卵,产在松软湿润的土壤内,以水浇地最多,每头雌虫可产卵100粒左右。蛴螬年生代数因种、因地而异。这是一类生活史较长的昆虫,一

般1年1代,或2~3年1代,长者5~6年1代。华北大黑鳃金龟2年1代,以成虫和幼虫隔年交替越冬;幼虫于10月中下旬在土层中下移越冬,至翌年4月中旬开始从越冬处土层向上移动危害春苗,6月下旬开始下移化蛹,羽化为成虫,当年不出土,进行越冬。成虫白天潜伏,黄昏后活动,具有假死性和趋粪性,喜在有机肥中产卵;雄虫有趋光性,雌虫趋光性不强。暗黑鳃金龟1年1代,多以3龄老熟幼虫形态越冬,少量以成虫和低龄幼虫形态越冬,老熟幼虫越冬后第二年再上移危害;成虫具有假死性,趋光性强。铜绿丽金龟1年1代,以幼虫在土壤中越冬,有假死性,趋光性很强。

蛴螬防治技术:①用药剂处理土壤或拌种。每亩用50%辛硫磷乳油200~250克,加水10倍喷于25~30千克细土上拌匀制成毒土,顺垄条施,随即浅锄,或将该毒土撒于种沟或地面,随即耕翻或混入有机肥中施用,或中耕除草时撒毒土防控幼虫。用60%吡虫啉或30%辛硫磷拌种,还可兼治其他地下害虫。②实行水旱轮作、倒茬。精耕细作,及时镇压土壤,清除田间杂草,并跟犁拾虫。③物理诱杀。有条件的地区,在成虫盛发期,可设置黑光灯或性诱剂装置来诱杀成虫,减少蛴螬的发生数量。④利用茶色食虫虻、金龟子黑土蜂、白僵菌、绿僵菌等天敌制成的生物菌剂进行防控。

2.小地老虎

小地老虎又名"土蚕""切根虫"。生长期经历卵、幼虫、蛹、成虫四个阶段。年发生代数随各地气候不同而异,愈往南年发生代数愈多。小地老虎危害在全国各花生产区均有发生,以雨量充沛、气候湿润的长江中下游和东南沿海及北方的低洼内涝或灌区发生比较严重。小地老虎在长江以南以蛹及幼虫形态越冬,适宜生存温度为15~25℃。幼虫主要咬断花生嫩茎或幼根,造成缺苗,轻则造成缺苗断垄,重则毁种重播,个别还能钻入荚果内取食种仁。

幼虫体长为18~24毫米,老熟幼虫呈圆筒形,呈黄褐色或暗褐色,体长为37~50毫米。头部呈褐色,具黑褐色不规则网纹,体表粗糙,密布大小不一而彼此分离的颗粒,背线、亚背线及气门线均呈黑褐色;前胸背板呈暗褐色,黄褐色臀板上具两条明显的深褐色纵带;腹部分1~8节,背面各节上均有4个毛片,后两个比前两个大1倍以上;胸足与腹足均呈黄褐色(图3-16左)。

成虫体长为17~23毫米,翅展40~54毫米,头、胸部背面呈暗褐色,足呈褐色,前足胫、跗节外缘呈灰褐色,中后足各节末端有灰褐色环纹。后翅呈灰白色,纵脉及缘线呈褐色,腹部背面呈灰色(图3-16右)。成虫对黑光灯及糖、醋、酒等趋向性较强。

图3-16 小地老虎幼虫及成虫

小地老虎一年发生3~4代,老熟幼虫或蛹在土内越冬。成虫的活动性和温度有关,成虫白天不活动,傍晚至前半夜活动最盛。成虫在春季夜间气温在8℃以上时即出现,在10℃以上时数量更多、活动更强;喜欢吃酸、甜、酒味的发酵物,泡桐叶和各种花蜜;具有趋光性,对普通灯光趋向性不强,对黑光灯反应极为敏感。

小地老虎防治技术:①农业防治。春耕耙地、秋翻晒土及冬灌,杀灭虫卵、幼虫和部分越冬蛹。②物理诱杀。用泡桐叶或莴苣叶诱捕幼虫;亦可于每日清晨到田间捕捉,如果发现有断苗,拨开附近的土块进行捕杀。结合黏虫用糖、醋、酒诱杀液或甘薯、胡萝卜等发酵液和频振灯诱杀成虫。③化学药剂防治。对不同龄期的幼虫,应采用不同的施药方法。幼虫

3龄以前是防控适宜期，可用50%辛硫磷乳油或2.5%溴氰菊酯或90%晶体敌百虫喷雾，喷粉或撒毒土进行防控；3龄后，若田间出现断苗，可用90%晶体敌百虫或50%辛硫磷乳油与棉籽饼、豆饼、麦麸或鲜草制成的毒饵或毒草进行诱杀。

3.金针虫

金针虫成虫俗称"叩头虫"，主要分为沟金针虫、细胸金针虫等，主要危害花生根和茎基部。沟金针虫主要分布于长江流域以北、辽宁以南、陕西以东的广大区域内，细胸金针虫主要分布于淮河以北的东北、华北和西北地区。幼虫生活在土壤中，在土壤中危害新播花生种子，使种子不能发芽。花生出苗后，幼虫会咬断幼苗，并会钻到根和茎内取食，导致幼苗枯死，严重的会造成缺苗断垄。花生结荚果后，金针虫也会钻蛀荚果造成减产。

沟金针虫成虫体长为14～18毫米，体黑或呈黑褐色，头部生有1对触角，胸部着生3对细长的足，前胸腹板具有1个凸起，可纳入中胸腹板的沟穴中（图3-17左）。幼虫体细长，为25～30毫米，呈金黄色或茶褐色，并有光泽，故名"金针虫"。身体生有同色细毛，3对胸足大小相同（图3-17右）。

图3-17　沟金针虫雄成虫和幼虫

沟金针虫2～3年完成1代，适生于干旱区域，以成虫和各龄幼虫形态越冬。成虫白天躲在麦田或田边杂草中或土块下，夜晚活动。雌性成虫不能飞翔，行动迟缓，有假死性，无趋光性，雄虫飞翔能力较强；卵产于土中

3～7厘米处,卵孵化为幼虫后会直接危害作物。

金针虫防治技术:①合理轮作倒茬,实行与禾谷类小麦、水稻或块根块茎类红薯、马铃薯等作物轮作。②种植前要深耕多耙,收获后及时深翻;夏季翻耕暴晒,可减少土壤中幼虫存活数量。③拌种或用化学药剂处理土壤。可用60%吡虫啉或30%辛硫磷拌种;或每亩用50%辛硫磷乳油200～250克加水10倍喷于25～30千克细土上拌匀制成毒土,顺垄条施,浅锄,或将该毒土撒于种沟或地面,随即耕翻或混入厩肥中施用,或中耕除草时撒毒土防治幼虫。

4.华北蝼蛄

华北蝼蛄是一种杂食性害虫,主要咬食植物的地下部分。其主要分布在北方盐碱地和沙壤土地区,其危害在河南、河北、山西和安徽部分地区均有发生。成虫和若虫均在土壤中活动,可在地上和地下实施危害,特别喜食幼芽、幼根和嫩茎,或将幼苗咬断致死,受害的根部呈乱麻状。蝼蛄的活动使表土层形成许多隧道,使苗根脱离土壤,导致幼苗生长不良,进而致使幼苗因失水而枯死,严重时会造成缺苗断垄。

雌成虫体长45～66毫米,雄成虫体长39～45毫米,身体呈黄褐色,头部呈暗褐色,前胸背板呈盾形。背板前缘内弯,背中间具一心形暗红色斑;前翅呈黄褐色且平叠在背上,长15毫米,覆盖腹部不足1/2;后翅长30～35毫米,纵卷成筒状;前足发达,中、后足小(图3-18)。若虫形似成虫,体较小,初孵时身体呈乳白色,2龄以后变为黄褐色,5~6龄后基本与成虫同色。

华北蝼蛄防治技术:①农业防治。春耕耙地、秋翻晒土及冬灌,深耕、中耕;实行水旱轮作,合理施肥,有机堆肥要充分腐熟。②物理诱杀。蝼蛄的趋光性很强,在羽化期间,晚上7—10时可用黑光灯诱杀;或在田间步道每隔20米挖一小坑,将马粪或带水的鲜草放入坑内诱集,再加上毒饵更好,次日清晨可到坑内集中捕杀。③化学药剂防治。用50%辛硫磷乳油

图3-18 蝼蛄成虫

拌种,可有效防控蝼蛄等地下害虫;或用50%辛硫磷乳油或40%乐果乳油拌麦麸、米糠、棉籽饼、豆饼等制成饵料,傍晚时分将毒饵均匀撒在田间诱杀。

二 刺吸式口器害虫

1.蚜虫

蚜虫俗称"腻虫""蜜虫",是繁殖最快的昆虫。全国各花生产区均有蚜虫危害发生,但各产地以及同一产地年度之间的危害存在差异。花生自出苗期到收获期均可受到蚜虫的危害,花生初花期受危害最重。花生幼苗尚未出土时,蚜虫即可钻入土缝里,危害花生幼茎和嫩芽;花生幼苗出土后,蚜虫躲在幼苗顶端嫩叶及叶片背面吸取汁液(图3-19);花生开花后危害花萼和果针。受害花生植株矮小,叶片卷缩,严重影响花生下针与结果。当蚜虫暴发时还会排出大量蜜露,产生霉菌,使茎叶变黑,影响叶片的光合作用,甚至导致整株枯萎死亡。另外,蚜虫还是花生病毒病的传播媒介之一,会导致花生病毒病迅速蔓延,造成花生严重减产。从苗期到开花下针前是防控蚜虫的关键时期,若防控不及时,会影响花生头两对侧枝发育,导致后期荚果不充实、秕粒多,进而造成花生产量降低。

蚜虫为多代发生,主要以无翅若蚜形态在原生寄主上越冬,也有少量

图3-19　蚜虫及受危害花生叶片症状

以卵形态在枯死寄主上越冬。第二年春天,花生蚜虫首先在原生寄主上繁殖几代,产生有翅蚜,之后迁到附近的豌豆、刺槐和国槐等植物上进行危害,在花生出苗后,即迁入花生田进行危害。花生蚜虫喜低温、干旱,忌高温、高湿。

蚜虫防治技术:①农业防治。秋收后及时清理田埂边杂草等越冬寄主,减少虫源。②物理防治。采用黄蓝板诱蚜,采用银膜避蚜。③化学药剂防治。用高巧、辛硫磷等药剂拌种,在防控蛴螬的同时,还可以有效防控与减轻蚜虫的危害。当田间蚜株率为20%～30%,每株有蚜虫10～20只时喷药。如降雨多、湿度大或者瓢、蚜比达1∶100时,蚜虫数量有减少趋势,可停止喷雾;田间呈点片状发生时,可用高效氯氟氰菊酯、吡虫啉、噻虫嗪、啶虫脒等进行喷雾防控。④生物防治。蚜虫发生时,在田间释放食蚜瘿蚊、烟蚜茧蜂和七星瓢虫类天敌捕食蚜虫,或每隔一段距离投放1条草蛉卵箔条,均有较好的蚜虫防治效果。

2.蓟马

蓟马为昆虫纲缨翅目的统称,是一种小型昆虫,主要取食花生叶片汁液或真菌,主要分为茶黄硬蓟马和端带蓟马。茶黄硬蓟马危害在华南、中南、西南地区,如云贵、广东、广西等地较严重;安徽省以端带蓟马危害为主。蓟马喜温暖、干旱气候,干旱少雨时危害较严重。茶黄硬蓟马成虫和

若虫均取食叶片,主要危害嫩叶,致使受害叶片处叶脉两侧出现两条或多条纵向排列的红褐色条痕,叶面凸起,严重时叶背面会出现灰白色或灰褐色条斑,表皮呈灰褐色,出现变形、卷曲,生长势弱,易与侧多食跗线螨危害相混淆。端带蓟马成虫和若虫以锉吸式口器穿刺或刺伤植物叶片及花组织,吸食汁液。幼嫩叶片受害后,叶片会变细长,皱缩不平,形成兔耳状。叶片被危害处出现黄褐色凸起小斑,被危害较严重的叶片会变狭变小,或卷曲、皱缩,严重时甚至凋萎脱落。

蓟马防治技术:①化学药剂防治。用高巧、辛硫磷等药剂拌种。当田间初发蓟马时,要及时采用药剂防治,可选用50%辛硫磷＋40%乐果乳油＋10%吡虫啉＋10%高效氯氰菊酯乳油等混配5 000倍液喷雾。蓟马昼伏夜出且隐蔽性强,可尽量选择在清晨或傍晚日照不强时喷施药剂。用药时要均匀,可以选择灌根和叶面喷雾相结合的用药方法。②物理防治。采用蓝色粘虫板诱捕成虫。③农业防治。清除田间地头杂草,减少越冬虫口数;适当合理灌溉,避免高温干旱加重蓟马的危害。

3.叶蝉

叶蝉属同翅目叶蝉科昆虫,以植物为食,主要危害花生叶片,而且还可以传播植物病毒病。成虫、若虫吸食汁液危害花生,早期吸食花萼、花瓣,落花后吸食叶片。花生上常见的叶蝉有假眼小绿叶蝉、小绿叶蝉和小字纹小绿叶蝉。安徽省花生产区的叶蝉主要是假眼小绿叶蝉和小字纹小绿叶蝉。假眼小绿叶蝉成虫和若虫刺吸花生嫩叶皮层汁液;在嫩叶里产卵,妨碍营养物质运输,致使花生嫩叶叶缘黄化,叶尖卷曲,叶脉呈暗红色。严重时叶尖和叶缘呈红褐色焦枯状,影响叶片正常生理功能,进而造成花生减产。小绿叶蝉成虫和若虫吸食花生叶片汁液,被害叶面初期出现黄白色斑点,后逐渐扩散成片,严重时全叶苍白早落。小字纹小绿叶蝉成虫、若虫一般群集叶片背面吸食汁液,使叶片卷缩、变硬,最终导致叶片枯黄脱落,植株结果少。小绿叶蝉以成虫形态在侧柏等常绿树上或杂草丛中越冬。

叶蝉防治技术：①农业防治。清除田间地头杂草，减少越冬虫口基数。②物理防控。利用黑光灯诱杀成虫。③化学药剂防治。用高巧、辛硫磷等药剂拌种。当叶蝉危害发生时，可用10%吡虫啉1 000倍液、90%敌百虫800倍液、50%辛硫磷乳油1 000倍液、50%杀螟松乳油1 000倍液等药剂喷雾防治。

4.花生跳盲蝽

花生跳盲蝽属半翅目盲蝽科，成虫和若虫在花生叶片上刺吸汁液，刺吸处留下白色小斑点，会使花生叶片发白。其在南方每年发生9~10代，以卵形态在寄主组织里越冬，活泼善跳。

花生跳盲蝽防治技术：①化学防治。用高巧、辛硫磷等药剂拌种。发生花生跳盲蝽危害时，用10%吡虫啉可湿性粉剂（或90%敌百虫800倍液，或50%辛硫磷乳油1 500倍液，或50%杀螟松乳油1 000倍液药剂）治疗。②生物天敌防治。田间释放卵寄生蜂，如小蜂、黑卵蜂等。

三 食叶性害虫

1.斜纹夜蛾

斜纹夜蛾是一种世界性害虫，在我国分布地域较广，其危害在绝大部分花生产区均有发生，尤其在花生开花下针期危害最为严重。幼虫以食叶为主，也咬食嫩茎、叶柄，暴发时，常把叶片和嫩茎吃光，会造成严重损失。3龄前幼虫主要危害花生叶片，常将叶片咬食成不规则形透明白斑，留下透明纱网状的上表皮。4龄以后分散危害，进入暴食期，能将叶片吃成缺刻或孔洞状（图3-20）。虫口密度大时，常将全田花生吃成光杆或仅剩叶脉，呈扫帚状。

斜纹夜蛾一年发生多代，世代重叠，多以蛹或少数老熟幼虫形态越冬。成虫具有趋光性，对糖、醋、酒及发酵的胡萝卜、麦芽、豆饼、牛粪等具

图3-20　斜纹夜蛾幼虫及受害花生叶片症状

有趋化性。幼虫具有假死性,且怕强光,昼伏夜出。

斜纹夜蛾防治技术:①农业防治。及时翻犁空闲田,铲除田边杂草。在幼虫入土化蛹高峰期,结合农事操作进行中耕灭蛹,以降低田间虫口基数。在斜纹夜蛾化蛹期,结合抗旱进行灌溉,淹死大部分虫蛹。在产卵高峰期至初孵期,采取人工方式摘除卵块和初孵幼虫,减少叶片危害。有条件的地方可与水稻进行水旱轮作。②物理防治。在斜纹夜蛾成虫盛发期,采用黑光灯、糖醋酒液诱杀成虫,结合放置性诱剂装置诱捕成虫。③化学药剂防治。防控的适宜期为幼虫1～3龄期,此期幼虫群集叶背危害花生,尚未分散且抗药性低,药剂防治效果较好。可用50%辛硫磷乳油1 000倍液、10%吡虫啉可湿性粉剂2 500倍液、4.5%高效氯氰菊酯乳油1 000倍液、2.5%溴氰菊酯乳油1 000倍液或20%甲氰菊酯乳油3 000倍液,采取挑治与全田喷药相结合的办法防治,重点防治田间虫源中心。由于幼虫在晴天的早晚危害最盛,白天不出来活动,阴天可全天危害花生,所以喷药宜在午后及傍晚进行。每隔7～10天喷药1次,连续喷药2~3次。

2.甜菜夜蛾

甜菜夜蛾是一种世界性害虫,其危害在我国多个省市均有报道,其中江淮、黄淮流域危害最为严重。初孵幼虫取食花生叶片下表面和叶肉,在叶片上形成"天窗";大龄幼虫食叶形成缺刻或孔洞,严重时会把叶片吃光,仅剩下叶柄、叶脉,对花生产量影响极大。成虫前翅中央近前缘外方有一个黄褐色的肾形斑,内有一个黄褐色的环形斑,有黑色轮廓线(图3-21左)。幼虫期体色变化较大,有绿色、暗绿色、黄褐色、黑褐色等。3龄前多呈绿色,每一体节气门后上方各有一个明显白点,气门下线为明显的黄白色纵带,纵带末端直达腹末。体色越深,白斑越明显(图3-21右)。

图3-21 甜菜夜蛾成虫和幼虫

甜菜夜蛾在我国一般每年发生4～11代,年发生代数由北向南逐渐增加,世代重叠。以蛹或老熟幼虫在土壤中越冬。成虫昼伏夜出,有较强的趋光性,产卵有趋嫩性,常将卵产于叶片的背面或叶柄,卵聚集成块状。

甜菜夜蛾防治技术:①农业防治。对田块实行冬耕冻伐,深耕深翻,消灭越冬蛹,或冬灌冻死害虫。②物理防治。在甜菜夜蛾成虫盛发期,采用黑光灯诱杀成虫,结合放置性诱剂诱捕成虫。③化学药剂防治。防治的适期为幼虫3龄期前,防治方法同斜纹夜蛾。

3.棉铃虫

棉铃虫是一种鳞翅目类害虫,属于夜蛾科,分布广泛,危害作物种类较多。棉铃虫幼虫蛀食花生的叶片和花(尤其是花)造成危害,影响花生结果,造成产量和品质下降,如果不及时防控,会造成花生减产严重。棉铃虫危害在我国各花生产区均有发生,以北方产区较为严重。幼虫危害

花生的幼嫩叶片和花蕊,影响花粉受精、果针入土,会造成花生结果减少,产量减少。1龄、2龄幼虫从叶片背面剥食花生幼嫩叶或取食花蕊,3龄幼虫食量增大,致顶端嫩叶出现明显缺刻,4龄幼虫开始进入暴食期。

棉铃虫成虫为灰褐色中型蛾,体长15~20毫米,翅展31~40毫米,具有球形绿色复眼。成虫颜色多变,雌蛾呈赤褐色至灰褐色,雄蛾呈青灰色,棉铃虫的前翅中部近前缘有1条深褐色环状纹和1条肾状纹,后翅呈灰白色,翅脉呈棕色,沿外缘有黑褐色宽带,宽带中央有2个相连的白斑。后翅前缘有1个月牙形褐色斑(图3-22左)。老熟幼虫体色有褐、黑、黄白、黄绿等颜色,头上网纹明显,各体节一般有毛片12个,前胸气门前2根刚毛的基部连线延长可通过气门或与气门相切(图3-22右)。棉铃虫一年发生4~7代,以蛹形态在土壤内越冬。成虫趋光性强,产卵有趋嫩性。

图3-22 棉铃虫成虫和幼虫

棉铃虫防治技术:①农业防治。对田块实行冬耕冻垡,深耕深翻,消灭越冬蛹,或冬灌冻死害虫。②物理防治。采用黑光灯、玉米诱集带、玉米叶或杨树枝条诱杀成虫,降低虫口密度。③化学药剂防治。用2.5%敌百虫粉加细土拌匀制成毒土,然后撒施在顶叶和嫩叶上。对3龄前幼虫,可在叶面喷施2.5%高效氯氰菊酯乳油2 000倍液、10%吡虫啉可湿性粉剂4 000倍液进行治疗。

第三节　花生主要杂草及防治技术

花生田杂草种类较多,有60多种,分属24科。常见的杂草有马唐、狗尾草、牛筋草、狗牙草、白茅、反枝苋、马齿苋、刺儿菜、香附子等,另外还有藜、苍耳、龙葵、曼陀罗、苘麻及莎草等,除了上面这些,有些地区还会有其他杂草出现。杂草也有地域之分,如某种杂草在某一区域发生比较严重,但是在其他区域少见。

一　花生田杂草分类

花生田杂草分为一年生杂草、多年生杂草和越年生杂草3类。

一年生杂草是分布最普遍、危害最严重的一类杂草,可分为一年生单子叶杂草和一年生双子叶杂草。一年生单子叶杂草主要有马唐、稗草、绿狗尾草、金色狗尾草、牛筋草、虎尾草、大画眉草、小画眉草、千金子、自生麦苗等,一年生双子叶杂草主要有反枝苋、凹头苋、刺苋、藜、小叶藜、灰绿藜、青葙、鳢肠、马齿苋、苍耳、铁苋菜、野西瓜苗、野油菜、胜红蓟、苘麻、龙葵、鸭跖草等。一年生杂草马唐、牛筋草、狗尾草、铁苋菜、马齿苋、藜及多年生莎草类占花生田杂草的89%以上, 一般于5—7月萌发出土,7月上旬杂草发生量达到高峰,占杂草发生量的79%以上,其中单子叶草占86%左右,阔叶草占12%~13%。

多年生杂草主要有茅草、狗牙根、田旋花、打碗花、小蓟、苣荬菜、商陆、莎草类等,还有少量牛繁缕、婆婆纳等。其中莎草类是花生田间比较常见的多年生杂草。

越年生杂草主要有荠菜、附地菜及多年生小蓟、问荆,约占田间杂草的19.4%。越年生杂草一般3—4月发芽,6—8月开花结实,是花生苗期的主要杂草。

春播花生田出草总的历期较长，一般为45天以上，而且春季气候一般较干燥，杂草发生比较不整齐。春播花生田通常有两个出草高峰期：一个是在播种后10～15天，也是花生田出草主高峰期；二是播种后35～50天。夏播花生田杂草发生相对较为集中，多集中在6月中旬至8月上旬。夏播花生田马唐和狗尾草出草盛期一般在播种后5～25天，占70%以上，杂草生长可一直延续到花生封行。

二 花生田杂草防治药剂类型

播种期是防控杂草的一个重要时期。花生田播种期化学除草剂主要分为两类：一是苗前土壤处理剂，也叫"芽前除草剂"；二是苗后茎叶除草剂，也叫"芽后除草剂"。一般以使用苗前土壤处理剂为主，以使用苗后茎叶除草剂为辅。

使用苗前土壤处理剂时将除草剂喷洒于土壤表层或者施药后通过混土操作把除草剂拌入土壤的一定深度，形成除草剂的封闭层，杂草萌发接触药层后即被杀死。土壤处理剂先被土壤固定，然后通过土壤中的水分移动扩散，或者与根茎接触被吸收后，再进入植物体内。土壤处理技术除利用除草剂自身的选择性外，多是利用位差和时差来选择杂草。覆膜栽培的花生田一般采用土壤处理剂。目前，采用土壤处理剂是花生田最高效、最普遍的杂草处理办法。常见的土壤处理剂有乙草胺、扑草净、氟乐灵、五氯酚钠等。

苗后茎叶除草剂是作物萌芽后使用的除草剂，用来杀伤杂草的叶子，用于出苗后除草。一般用于农作物3～5叶期、杂草2～4叶期开始施药以除掉杂草，不同药剂种类和作物种类，施药时期也会有所不同，花生一般施药时期是在杂草的2～4叶期。早于2叶期，着药面积较小，而且容易长出新的杂草；晚于4叶期，杂草抗性加大，死草将不彻底，且花生还容易发生药害。

三 化学除草剂种类及优缺点

1.防治单子叶杂草药剂

目前,花生芽前防治单子叶杂草的土壤处理剂主要有乙草胺、异丙甲草胺、精异丙甲草胺、二甲戊灵、仲丁灵和甲草胺等。

(1)乙草胺。一种选择性芽前除草剂,在土壤中的有效期为45天左右,被单子叶植物的胚芽鞘或双子叶植物的下胚轴吸收后向上传导,主要通过阻碍蛋白质合成来抑制细胞生长,使杂草幼芽、幼根停止生长,进而死亡。禾本科杂草吸收乙草胺的能力比阔叶杂草强,所以乙草胺防除禾本科杂草的效果优于防除阔叶杂草。乙草胺是目前市场上应用最多的一种除草剂,使用方便,不需要混土,配伍性好,可与多种药剂复配,活性高、相对用量小、性价比高并且除草效果好。其缺点是安全性欠佳,当低温、高湿或超量施用时,会导致伤根、主根短、次根少,出苗率、出苗期均会受到影响;烧叶,苗期生长会受到抑制,而且长期使用乙草胺会使得马唐等杂草抗药性严重。

(2)异丙甲草胺。可以用来防除一年生禾本科杂草,如稗草、马唐、狗尾草、牛筋草、早熟禾、千斤草、野黍、画眉草、臂形草、黑麦草、稷、虎尾草、鸭跖草、芥菜、小野芝麻、油莎草(在沙质土和壤质土中)、水棘针、香薷、菟丝子等,对柳叶刺蓼、酸模叶蓼、萹蓄、鼠尾看麦娘、宝盖草、马齿苋、繁缕、藜、反枝苋、猪毛菜、辣子草等也有较好的防除效果,但对野燕麦、看麦娘防除效果较差。该药剂主要被植物的幼芽也就是单子叶和胚芽鞘、双子叶植物的下胚轴吸收后向上传导,出苗后被根吸收后向上传导,从而抑制幼芽与根的生长。如果土壤墒情好,杂草在幼芽期就会被杀死;如果土壤水分少,杂草出土后在降雨时随着土壤湿度增加吸收药液而死亡,因此施药一定要在杂草发芽前进行。一般土壤湿度除草效果很好,如果遇到干旱除草效果就会变差,所以施药后一定要及时混土。异丙甲草

胺安全性高,按规定用量使用对花生安全,不伤根、不烧叶,不会影响植株正常生长;施用方便,不需要混土;配伍性好,可与多种药剂复配。其缺点是活性低于乙草胺,除草效果略差,而且总用量要大于乙草胺,除草成本较高。

（3）精异丙甲草胺。一种选择性芽前除草剂,在出芽前用来进行土壤处理,可防控一年生杂草和某些阔叶杂草。该产品属于手性农药,将异丙甲草胺的R无效体去掉,所以又常被称为"S-异丙甲草胺",其活性更高,用量少,对环境友好。精异丙甲草胺半衰期为15天,在强酸或者强碱环境下会产生化学分解反应,主要防控一年生禾本科杂草和部分阔叶杂草。其适用于旱地蔬菜类作物等,可用于果园、苗圃、花生田、油菜地、西瓜田。施用方法与异丙甲草胺相同,但杀草活性比异丙甲草胺高一倍。

（4）二甲戊灵。一种有机化合物,属二硝基苯胺类除草剂,通过抑制分生组织影响细胞分裂,不影响杂草种子萌发,而是在杂草种子萌发过程中幼芽、茎和根吸收药剂后起作用达到杀草目的。二甲戊灵可防除马唐、狗尾草、早熟禾、看麦娘、牛筋草、灰藜、鳢肠、龙葵、藜、苋等一年生禾本科杂草和阔叶杂草。对菟丝子幼苗生长也有很强的抑制作用。二甲戊灵要在花生播种前使用,该药吸附性强、挥发性弱且不易光解,土壤有机质含量高、土壤黏度大时,可适当增加用药量。二甲戊灵除对单子叶杂草防除效果好外,对某些双子叶杂草的防除效果也优于乙草胺。但其使用成本高于乙草胺,沙土地用药量较高时会产生药害。其缺点是挥发性高于其他药剂,且不覆膜田强光下会影响药效。

（5）仲丁灵。一种选择性芽前除草剂,又名"止芽素",为触杀兼局部内吸性抑芽剂、低毒性二硝基苯胺类抑芽剂,对抑制腋芽的生长药力强、药效快。其作用与氟乐灵相似,药剂进入植物体后,主要抑制分生组织的细胞分裂,从而抑制杂草幼芽及幼根生长。仲丁灵不仅可以防除单子叶杂草,而且防除部分双子叶杂草的效果也优于酰胺类药剂,如花生田里常见的反枝苋、马齿苋等杂草。药剂对花生安全,不会伤根烧叶。其缺点是用量偏大,48%制剂每亩用量常大于250毫升,用药成本较高。

(6)甲草胺。一种选择性旱地芽前除草剂。药剂被杂草幼芽吸收后,会抑制蛋白酶的活力,阻碍蛋白质合成,致使杂草死亡。其主要用于防除在出苗前萌发的杂草,对已出土杂草基本无效,可用来防除花生田里的一年生禾本科杂草,如稗草、牛筋草、秋稷、马唐、狗尾草、蟋蟀草、臂形草等。花生出苗前或移栽前,每平方米土表用48%乳油30~38毫升兑适量水喷雾。和仲丁灵一样,该药对花生安全,无伤根烧叶现象。其缺点是活性较低,防除杂草效果较差,药效期偏短,在不覆膜田施用效果较差。

2.防治双子叶杂草药剂

防治双子叶杂草药剂主要有扑草净、噁草酮、异噁草松(酮)、噻吩磺隆和丙炔氟草胺等。噁草酮、异噁草松(酮)、噻吩磺隆和丙炔氟草胺最初被用于水稻田、大豆田和玉米田等防除杂草,后逐渐被应用于花生田。噻吩磺隆、噁草酮的复配剂,是目前花生田防除双子叶杂草用量最大的土壤处理剂。

(1)扑草净。应用于防除花生田双子叶杂草和阔叶草的药剂,对刚萌发的杂草防除效果最好,杀草谱广,可防除一年生禾本科杂草及阔叶杂草。其活性高,除草效果好,对部分单子叶杂草也有效;而且成本低、使用方便,可与其他不同的药剂复配。其缺点是安全性欠佳,在有机质含量低的沙质土田块不宜使用,且在气温超过35℃时应用易产生药害。

(2)噁草酮。用于防除花生田一年生禾本科杂草和阔叶草。它是触杀性芽前、芽后除草剂,作为土壤处理剂,水旱田均可使用,主要用于水田除草,对旱作的花生田也有效。其主要通过杂草幼芽和茎叶吸收药剂而起作用,在有光的条件下能发挥良好的杀草活性。其对萌芽期杂草尤为敏感,在杂草开始发芽时就抑制芽鞘的生长,使其组织迅速腐烂,从而导致杂草死亡;随着杂草成长药效会下降,对已长大的杂草基本无效。噁草

酮杀草谱广,但在墒情不好时难以充分发挥药效,且不宜提高说明书上的指导用量。

(3)异噁草松(酮)。一种有机杂环类选择性芽前除草剂,适用于防除花生田的一年生禾本科杂草和阔叶杂草。杀草谱广,能防除多种一年生单子叶、双子叶杂草,对某些多年生双子叶杂草也有较好的抑制作用;施药期宽,用药时间灵活,苗前土壤封闭或苗后早期茎叶都可应用;配伍性好,可与多种药剂复配。该药剂有效期长,一次用药,药效可持续作物整个生长期。但正因为有效期长,其用量较为严格,易给当茬与后茬作物带来药害。

(4)噻吩磺隆。一种内吸传导型高效选择性芽后除草剂,主要用于防除禾谷类作物田一年生阔叶杂草,通过杂草叶面和根系被吸收并传导。施药后,敏感杂草立即停止生长,一般一周后死亡。施用噻吩磺隆对花生安全,其残留时间短,对后茬作物无药害;可防除多种一年生双子叶杂草,配伍性好,可与多种防除单子叶药剂复配。噻吩磺隆有效期较短,为30天左右,遇天气干旱墒情不好时药效会降低。

(5)丙炔氟草胺。一种触杀型除草剂,通过幼芽和叶片吸收除草,且除草速度快,能防除花生田多数双子叶杂草,对部分单子叶杂草亦有一定抑制作用;活性高,用量少,对后茬作物无药害,可与多种防除单子叶的药剂复配。它的缺点是低温影响除草效果,花生播种后3天施药或施药后遇大雨易对花生幼芽造成触杀性药害。

使用单一的化学土壤处理剂除草已收不到效果,现在基本上都是使用复配药剂。目前,市场上二元复配药剂主要有乙草胺-扑草净、乙草胺-噁草酮、乙草胺-噻吩磺隆、乙草胺-乙氧氟草醚、乙氧氟-精异丙甲草胺和异丙甲草胺-特丁净,三元复配剂主要有乙草胺-扑草净-噻吩磺隆和异丙甲-扑草净-乙氧氟草醚等。

3.花生田芽后除草剂

花生田常见的芽后除草剂有乙羧氟草醚、精喹禾灵、灭草松和吡氟氯禾灵等。

(1)乙羧氟草醚。二苯醚类除草剂,是一种触杀型芽后除草剂,能除去小龄阔叶杂草,是原卟啉氧化酶抑制剂。药剂一旦被植物吸收,只有在日照条件下才能发挥效力,所以应在晴天施药。芽后使用防除阔叶杂草,所需剂量相对较低。虽然该药剂芽前施用对敏感的双子叶杂草也有一定防除效果,但剂量必须是芽后用药剂量的2~10倍。该药剂防除窄叶或多年生杂草无效。乙羧氟草醚+高效氟吡甲禾灵复配剂可有效防除禾本科杂草及阔叶杂草,尤其对马齿苋有特效,并且该配方中高效氟吡甲禾灵防除对精喹禾灵产生抗药性的禾本科杂草尤具突出效果。该药剂对下茬作物的残留药害小。

(2)精喹禾灵。苯氧脂肪酸类除草剂,为选择性内吸传导型茎叶除草剂、花生田芽后除草剂。精喹禾灵在禾本科杂草与双子叶作物间有高度选择性,茎叶可在几小时内完成对药剂的吸收,一年生杂草在24小时内可传遍全株。该药剂可防除花生田单子叶杂草,提高用药剂量时,对狗牙根、白茅、芦苇等多年生杂草也有作用。

(3)灭草松。一种具有选择性的触杀型芽后除草剂,用于杂草苗期茎叶处理。其主要用于防除花生田阔叶杂草和莎草科杂草,如荠菜、播娘蒿(麦蒿)、马齿苋、刺儿菜、藜、蓼、龙葵、繁缕、异型莎草、碎米莎草、球花莎草、油莎草、莎草、香附子等;对禾本科杂草无效。精喹禾灵–灭草松复配剂适用于南方花生田杂草防控,对花生安全,对禾本、阔叶杂草双除,无残留,对下茬作物无影响。该复配剂价格要高于常规药剂,对阔叶杂草除防效果一般,且受温度影响较大。

(4)吡氟氯禾灵。一种有机化合物,属于芽后除草剂。芽后施用于花生田,可有效防除匍匐冰草、野燕麦、旱雀麦、狗牙根等。

四 花生田杂草综合防治技术

1.春播地膜覆盖田芽前杂草防治技术

地膜覆盖花生田芽前杂草防治,应在花生播种后覆膜前施药,每亩可施用48%氟乐灵乳油100～150毫升,施药后须立即浅混土;用50%乙草胺乳油75～120毫升或72%异丙草胺乳油100～150毫升兑水45千克,均匀喷施。对有香附子的花生田块,每亩可加入24%甲咪唑烟酸水剂30毫升。

2.麦茬夏花生田芽前杂草防治技术

麦收后耕翻平整、来不及灭茬和施药除草的花生田,可在花生播种后进行芽前防治,每亩可使用50%乙草胺150～200毫升、72%异丙草胺乳油100～150毫升兑水45千克,均匀喷施。采用封闭除草的方法施药可有效防控杂草,此方法成本较低,除草效果好,基本可以控制全生育期内杂草。喷药时间宜选在墒好、阴天,或上午9时前下午5时后,喷药后若遇小雨效果会更好。

3.花生田苗后杂草防治技术

对于芽前进行封闭除草未能有效防控的地块,必须在生长期除草。可在花生2～4片复叶期间结合锄地、中耕灭茬除去已出苗杂草。除此之外,对于前期未能有效除草的地块,可施用苗后茎叶除草剂。茎叶除草剂的施用,应在对花生安全而对杂草敏感的生育阶段进行,一般宜在杂草3～5叶期、花生2～4片复叶期施药。

当禾本科杂草较多较大时,可适当加大用药量,每亩可用5%精喹禾灵乳油75～125毫升兑水45～60千克,均匀喷施;当墒情较差时,亦可适当加大用药量和喷液量。对于阔叶杂草和香附子较多的田块,每亩可选用24%甲咪唑烟酸水剂30毫升＋10%乙酸氟草醚乳油10～30毫升(或24%甲咪唑烟酸水剂30毫升＋48%苯达松水剂150毫升)兑水30千克,均匀喷施。对于禾本科草和阔叶草混生的田块,每亩可用5%精喹禾灵乳油50毫升＋

48%苯达松水剂150毫兑水30千克，均匀喷施。若有香附子，每亩可再加入24%甲咪唑烟酸水剂30毫升。

▶ 第四节　花生黄曲霉病防治技术

花生黄曲霉病是由黄曲霉菌侵染引起的一种花生病害。它是在花生生长期间易出现的一种病害，会严重影响花生的品质和产量，造成极大的经济损失。黄曲霉菌较易生长并产生毒素，黄曲霉毒素是由黄曲霉菌和寄生曲霉菌等曲霉属真菌产生的次级代谢毒性产物。黄曲霉菌侵染花生产生黄曲霉毒素，会导致花生受到黄曲霉毒素污染。花生黄曲霉菌侵染和毒素污染在世界范围内都有发生。

花生是一种易受黄曲霉毒素污染的农作物，黄曲霉菌、寄生曲霉菌等曲霉属真菌可在花生的结果、成熟、收获、贮藏、加工、运输等过程中对其进行侵染。黄曲霉菌广泛存在于许多类型土壤以及农作物残体中，黄曲霉菌的侵染最先发生在田间，特别是在花生生长后期，如果遭遇干旱天气，当土壤干旱导致花生荚果含水量降到30%时，代谢活动减弱，花生很容易受黄曲霉菌的侵染。在花生收获前，黄曲霉菌侵染源来自土壤，土壤中的黄曲霉菌可以直接侵染花生的荚果。发病症状在收获后的花生仁上可以直观地表现出来。黄曲霉病刚开始蔓延时，果仁呈褐色或黄褐色，有隆起的斑块。在花生收获后，晾晒不及时及贮藏不当会加重黄曲霉菌的侵染和毒素污染，引起更多荚果的霉变。在贮藏期间，受黄曲霉菌侵染的花生仁会变为黄绿色，上面有大量的分生孢子病菌，如果混杂在花生食品中，就成为直接的致癌菌。受黄曲霉菌侵染的果仁作为种子下播后，容易造成烂种和缺苗的现象。

一 花生黄曲霉菌侵染症状

被侵染的花生种子(图3-23)播入土壤后,在合适的水分条件下病原菌会变得很活跃,被侵染的组织就会快速腐烂。在花生出苗前,受病原菌侵染的子叶和幼芽组织迅速蜕变成皱缩、干褐色或黑色的病块,上面着生黄色或微黄绿色孢子。健康的花生种子在正常发芽后,胚根和胚轴易被黄曲霉菌侵染并很快腐烂。花生出苗后则很少发生新的侵染,但出苗前被侵染的子叶边缘带有微红棕色的坏死病斑,并附着黄色或微黄绿色的孢子。黄曲霉菌侵染危害种子子叶和幼芽这一阶段的症状,与黑曲霉菌引起的曲霉属冠腐病十分相似,并且在某些病株上两种真菌可以同时存在。花生幼苗时期受黄曲霉菌侵染后,幼苗上的病害菌株产生黄曲霉毒素,导致病株生长严重受阻,表现为缺绿,叶片微绿,叶脉清晰,植株矮小,并且叶尖突出,根系发育及功能均受阻。如果收获后的花生荚果发生破损,黄曲霉菌易从破口处侵染花生仁,并会在花生仁贮藏过程中迅速繁殖。如果花生收获过迟,感染黄曲霉病的概率也会增大。

图3-23 花生种子受黄曲霉菌侵染后症状

二 影响花生黄曲霉毒素污染的因素

影响花生黄曲霉毒素污染的主要因素有品种抗性、环境中黄曲霉菌的种类和数量、土壤类型及温湿度、播种和收获时期、病虫害以及收获后的干燥贮藏等。

1.品种抗性

不同花生品种对黄曲霉菌侵染和产生毒素的抗性存在明显差异。现有研究表明,种皮在抗黄曲霉菌侵染中起到关键作用,具有完整种皮的花生品种才能表现出抗侵染性。挑选的种子完整没有破损、不带有病原菌,是预防黄曲霉菌侵染的关键。

2.土壤类型及温湿度

黄曲霉菌广泛存在于多种类型的土壤和农作物残体中,花生感染黄曲霉菌与土壤的类型有关。国外有报道称变性土壤比淋溶性土壤感染黄曲霉菌少,可能与土壤黏度和持水性有关。福建省对不同类型土壤样品黄曲霉菌进行测定研究,结果表明,水旱轮作的土壤黄曲霉菌含量高,其次为水田,旱地最少。土壤中的黄曲霉菌可以直接侵染花生果针、荚果和种子,侵染的程度受环境温湿度和花生组织水分大小的影响较大。花生生长后期遭遇干旱是花生收获前感染黄曲霉菌的主要原因。在花生生长后期,遭遇干旱天气会导致花生荚果含水量降为30%以下,花生代谢活动会减弱,很容易被黄曲霉菌侵染。在花生收获前的30~50天,即饱果前期到成熟饱果期,在此期间高温干旱容易导致黄曲霉菌侵染、生长及产生毒素。

3.播种和收获时期

春播花生播种不宜过早,过早播种的花生在生长中后期易遇到高温或干旱天气,导致结果期易遇到黄曲霉菌侵染。夏播花生播种不宜过晚,过晚播种在花生收获期易遇上连阴雨天气,导致花生收获后不能及时晒干,在湿润的环境条件下,黄曲霉菌侵染速度会明显加快。花生田间管理和收获时受损伤的荚果以及由土壤温度和湿度的变化引起的种皮自然破裂,都会增加黄曲霉菌侵染概率。黄曲霉菌易从破口处侵染,并在果仁

上迅速生长繁殖和产生毒素。适时收获的花生受黄曲霉菌侵染概率较小,而延期收获的花生受黄曲霉菌侵染的概率较高。

4.病虫害

地下害虫如蛴螬、金针虫、线虫等会危害花生荚果,不仅直接把自身携带的黄曲霉菌带给受害荚果,而且通过损伤部位给黄曲霉菌的侵染增加了机会。此外,锈病、叶斑病、茎腐病等病害引起的早衰甚至枯死的花生植株,荚果受黄曲霉菌侵染的概率也较高。

5.收获后的干燥贮藏

黄曲霉菌是具有高度好气性的微生物,它的生长依赖于空气中的氧气。空气中二氧化碳含量增加、氧气减少,会抑制黄曲霉菌的生长及孢子形成。当空气中氧气浓度为1%、二氧化碳浓度为80%、氮气浓度为19%时,可抑制黄曲霉毒素的产生。仓库温度和湿度越高,种子受侵染程度就越严重;温度和湿度越低,黄曲霉菌生长和产生毒素速度就越慢。黄曲霉菌生长最适宜温度为26～28 ℃,如果仓库温度长时间超过25 ℃、相对湿度超过80%,黄曲霉菌生长就会很迅速。此外,贮藏时间越长,感染黄曲霉菌的概率也会越大。

三）花生黄曲霉菌侵染防治技术

1.选用抗多种病害的花生品种

选用抗黄曲霉病的花生品种是最经济有效的方法。无抗黄曲霉病的品种时选用抗旱和抗多种病害的花生品种也可减少或避免黄曲霉菌的侵染。此外,应精选种子,并注意提高播种质量。

2.选择适宜的种植地块

土壤中真菌的种类因生态类型和土壤类型而异,能产生黄曲霉毒素的真菌有黄曲霉菌和寄生曲霉菌。轻质壤土中,青霉菌种类占优势;中壤土中,镰孢属种类占优势;黏重土中,曲霉属种类占优势。因此,种植花生的田块应以轻质壤土或沙壤土为最好。

3.施肥

施肥应以基肥为主,以追肥为辅。基肥以有机肥为主,且追肥宜早不宜迟。氮肥不宜过多,氮肥过多易造成植株徒长、倒伏,病虫害多,造成黄曲霉毒素污染加重。

4.适时播种,合理密植

适时播种有利于花生稳健生长和适时收获,合理密植能保证花生群体通风透光,利于调节土壤温湿度,减少病虫害的发生,从而降低黄曲霉菌的侵染概率。

5.加强病虫害的防治,减少黄曲霉菌侵染途径

在花生种植过程中,做好病虫害防治,适时防治蛴螬等地下害虫和根腐病等病害,把病虫害对荚果的损伤程度降到最低。实行轮作制度,科学栽培,合理施肥,培养健壮的花生植株,提高花生抗黄曲霉菌侵染能力。

6.中耕除草

除草时应注意不要伤害花生荚果。在花生的盛花期进行中耕除草培土时,不要伤及幼小荚果;尽量避免在花生结荚期和荚果充实期进行中耕除草,以免损伤荚果。

7.合理灌溉

花生生长后期遇到干旱和高温会显著提高黄曲霉菌侵染及产毒率,田间花生荚果含水量低于30%时易受黄曲霉菌侵染。在干旱情况下,黄曲霉菌侵染的起始温度为25～27 ℃,最适温度为28～30 ℃;但只要进行灌溉,不管土壤温度是多少,完好的荚果均不会被黄曲霉菌侵染。所以,应改善花生田的灌溉条件并及时灌溉,特别是在花生生育后期,保障花生荚果生育期间水分的供应是防控黄曲霉菌侵染的关键。

8.适时收获

在花生成熟期遇干旱又缺少灌溉的条件下,可以适当提前收获。相关

试验表明,在花生正常成熟期的前两周收获,可以大大降低黄曲霉菌的侵染概率。

9.及时干燥贮藏

花生收获后含水量会逐渐下降,当荚果含水量降为12%～30%时,最适宜黄曲霉菌生长和产生毒素,是高度危险期。花生收获后,荚果干燥的时间越长,受黄曲霉菌侵染的风险越高,所以,收获后应及时晒干荚果。收获后的鲜果要迅速干燥(3～5天完成),将含水量降至安全贮藏水分标准(花生仁为8%以下,荚果为10%以下)。一般将花生仁的含水量控制在8%以下,即可有效杜绝环境中的黄曲霉菌感染。

第四章

花生的收获与贮藏

收获、干燥与贮藏是花生生产的最后环节。花生是地上开花地下结果的作物,在收获和贮藏上具有特殊的技术要求。适时收获,及时干燥,安全贮藏,可以使花生种植达到优质、高产、高效的目的,从而提高花生的利用价值和种植效益,并提供优良的种子。收获、干燥与贮藏处理不当,会造成荚果品质低劣,不仅影响产量,降低花生的食用价值和商品价值,而且会影响花生种子质量。

▶ 第一节 花生的收获

掌握花生的成熟时机,适时采用科学的收获方法,精收、细收,是收获花生的关键。

一 花生成熟的特征

在一般栽培条件下,珍珠豆型品种花期为50～70天,普通型品种花期为60～120天,同一植株上的荚果形成时间和发育程度不同,成熟时间也不同。在实际生产中,田间花生的成熟期,一般以大部分荚果成熟,即珍珠豆型品种饱果率在75%以上、中间型中熟品种饱果率在65%以上、普通型晚熟品种饱果率在45%以上为准。在生产实践中,通常通过观察花生植株的茎叶、荚果和果仁的形态,判断花生是否进入成熟期,确定适宜收获时间。

1.茎叶特征

花生成熟期植株顶端生长点停止生长,顶部2~3片复叶减少,茎叶颜色由绿转黄,中、下部叶片逐渐枯黄脱落,叶片的感夜运动基本消失。植株产生和积累的养分已经大量运送至荚果,植株呈衰老状态。有时田间花生在叶部病害(叶斑病、锈病)危害比较严重的情况下,虽然未进入生理成熟期,植株也会表现出生机衰退、叶片枯萎脱落现象。有的品种即使大部分荚果已经成熟,植株茎叶仍保持青绿。

2.荚果特征

荚果进入成熟期,荚壳开始变硬、变薄,颜色由白色转为淡黄色。果仁变饱满,种皮颜色变暗;中果皮纤维层木质化程度高,并逐渐由白色转为黄色、棕色以至黑色。按中果皮的色泽可将花生荚果的成熟度划分为7个等级。

成熟的荚果,荚壳韧、硬、网纹明显。在荚果腹缝线上刮去外果皮,中果皮由黄褐色转为黑褐色,大部分花生产区都以此来检验花生荚果的成熟度。荚壳内的海绵组织(内果皮)完全干缩变薄,紧贴于荚壳内壁,呈深棕色,多数品种种子挤压处的内果皮出现黑褐色的斑片。通常把这种壳内着色的荚果称作"金果"或"铁里",这是荚果成熟度良好的标志。

3.果仁变化特征

成熟的果仁颗粒饱满、皮薄、光润,并呈现出固有的光泽。果仁中的脂肪含量明显增高,碳水化合物含量减少,蛋白质含量略有降低。随着花生果仁的成熟,其所含油脂中的脂肪酸组分也发生明显的变化,油酸含量不断增高,亚油酸含量不断降低。

(二)花生收获适宜期

适时收获是花生丰收增产、保证品质的重要环节,过早或过晚收获均不利于优质高产。收获过早,多数荚果尚未充分成熟,荚果不饱满,秕果多,出仁率低,成品率和商品率均显著降低;成熟度不够的种子内游离脂肪酸多,油酸、亚油酸含量低,不耐贮藏。收获过晚,果柄干枯霉烂,果荚易脱落,烂果、霉果、落果、发芽果大量增加,不但造成花生减产,而且加重了黄曲霉毒素污染。夏播花生收获太晚,遇到低温天气,果实不易晒干,会遭受冻害,种子丧失发芽能力,品质下降。早熟品种,因休眠期短,在土壤水分、温度适宜时,会在土里发芽,造成经济损失。

判断花生是否适宜收获,首先根据植株的外观。当植株中、下部叶片脱落,上部1/3叶片开始变黄,叶片运动消失,产量基本不再增长时,是花生收获的最佳时期。在水肥条件好、病害轻的地块,花生叶片能长期保持绿色,植株衰老不明显,因此应根据荚果发育情况来确定适宜收获期。

其次,根据植株上荚果发育的情况。接近成熟时,瘪果仍在继续生长,而饱果逐渐变为过熟果,容易造成落果、烂果、发芽果,造成减产。荚果饱果率超过80%,大部分荚果荚壳硬化、网纹清晰,荚壳内壁产生铁褐色斑块,种皮薄、光润并呈现品种固有色泽时,是收获的适宜时期。

再次,根据气温变化或花生后茬作物播种的要求。气温下降为15 ℃以下,花生物质生产已基本停止,亦应及时收获。种用花生可适当提前3～5天收获。

（三）花生收获方法

花生收获是花生整个田间管理中最费工时的一项工作,工作成本占整个生产成本的50%左右。花生的收获过程主要包括挖掘、抖土、集铺、摘果、清选、集果、秧蔓处理等工作,收获方法主要包括人工收获和机械收获两种。

1.人工收获

挖掘、抖土、集铺全部由人工进行。挖掘方式有手拔、犁、镢刨等。手拔是比较原始的收获方式。能否手拔,关键看落果多少,而落果多少取决于

花生子房柄的抗拉强度,子房柄的抗拉强度又与拔起时期、品种、牵拉方向有关。珍珠豆型结果集中的品种,子房柄抗拉强度大的品种,在土壤湿度较大或沙土地土壤水分适宜收获时,可采取手拔方式。拔起时,应将一穴花生植株的茎蔓全部握紧,均衡斜向用力,并要边拔边抖土边集铺。

在土壤板结时,则应采用犁、镢刨方式。犁、镢刨的关键是掌握好犁、刨的深度:过深,既费力,花生根部带土又多,造成拣棵抖土困难,且易落果;过浅,易损伤荚果或将部分荚果遗留在土内。要边犁或边刨,边拾果抖土,以免花生被犁、刨出土后,土壤水分散失,土壤结块,造成抖土困难,引起落果。

2.机械收获

挖掘、抖土、集铺均由机械作业。根据挖掘方式可分为铲铺式和拔取式两种。

铲铺式花生收获机作业时,挖掘铲入土后,可将10厘米土层连同花生植株及荚果全部铲起,经过挖掘铲后部的提升杆时,抖掉部分泥土,花生茎蔓在接近输送分离机构的升运分离链时,即被不断运动的分离爪挂住并提起,泥土在升运过程中被抖掉,花生茎蔓被抛到机后,顺铺放滑条滑下,并被集中放在机组前进方向的左侧地面。据多点试验,挖掘、抖土后的花生茎蔓含土率和机械碰撞造成的落果率均低于5%,损失率为3%~5%,正常作业时的荚果破碎率不高于1%。我国生产的铲铺式花生收获机主要有4HW-1100型、4H-800型等。

拔取式花生收获机的作业方式是用挖掘铲松土,皮带夹拔输送器夹住花生茎蔓,将花生植株拔出。其适用于直立型结果比较集中、子房柄抗拉力较大、在疏松沙土地栽培的花生。我国生产的4HL-150型花生联合收获机即为这种类型,可以边拔取边摘果,具有结构简单、功率小、效率高以及与小动力机具适配性高的优点。

▶ 第二节　花生的干燥

花生收获后的干燥过程包括田间晾晒、捡拾摘果、荚果干燥、清选入库等工序。各道工序均应根据花生植株各部位的物理特性及当时的天气情况灵活掌握,以减少工作过程中的损失。

一　植株的拔起及田间晾晒

到成熟期收获时,刚挖掘出土的花生,成熟荚果的含水量为50%左右,未成熟荚果的含水量为60%左右。田间晾晒即抖土后将3~4行花生合并排成一条,顺垄堆放,根果向阳,并尽量将荚果翻在上面。花生各部分的水分变化受晾晒期间的天气影响较大。在晴天,荚壳、子房柄和茎的含水量以每天10%的速度降低,但花生仁水分降低缓慢。田间晾晒程度应根据具体情况而定。

如果采用固定摘果机摘果,可将茎叶含水量晾晒在20%以下;如果采用大型联合收获机捡拾摘果,则可将花生仁含水量晾晒为20%～25%。如果需要将花生的茎叶用作饲料,则不宜在田间久晒,否则由于叶片损失,茎叶养分会减少25%左右,并容易夹杂泥土;如果用作青饲料,只要把茎叶上的露水晾干即可。

二　荚果采摘及落果捡拾

在花生收获及晾晒过程中,多种原因均会造成花生在地里掉果,特别是过熟植株;在病多、死株地块,田间落果更多。收获后进行必要的田间捡拾,对保证花生产量十分重要。

鲜蔓摘果最好采用5TH-1000型花生摘果机。也有的在场边堆成圆形或长条形小垛,将植株根和荚果朝外,堆垛直径或宽度不超过80厘米,堆

垛高10厘米左右。待干燥到适于摘果时,即可进行干蔓摘果。

三 荚果干燥

1.荚果干燥方法

干燥是保证花生品质与防止霉变的重要手段。新收获的花生荚果含水量一般为45%～65%,呼吸强度大,因此容易发热,极易受霉菌和细菌侵染,导致荚果和果仁霉烂变质,种子活力下降。所以花生收获后要及时晒干,防止发热、霉变和黄曲霉毒素污染。花生荚果的干燥有自然干燥法和机械化催干法两种。

(1)自然干燥法。利用太阳照射和空气流动将荚果中的水分降到安全贮藏标准。在自然干燥过程中,遇到阴雨连绵的天气会增加损失,也容易引起花生品质的下降。摊晒时,应及时清理部分地膜、叶片、果柄等杂物,以加速荚果干燥进程。为了加速水分散发,可将荚果摊成6～10厘米厚的薄层并勤翻动。

(2)机械化催干法。在大型容器(如带有穿孔底板的箱子或拖车)中通入加热(或不加热)的空气,通过调节花生荚果的堆层厚度、空气温度和通风量来控制干燥过程和保证花生品质。通入干燥空气的温度应低于35～38 ℃,或者比周围气温高10 ℃;空气流动的最低速率为10米^3/(分钟·米^2);荚果层的厚度应根据机械的风力及种子含水量确定,当荚果平均含水量降为8%～10%时,应停止干燥。

2.种用荚果干燥

种用荚果晒种质量的好坏直接影响种子活力。晒种温度过高、阴雨天在室内堆放时间过长等,均会降低花生种子的发芽势及田间出苗率。种用荚果应避免或禁止在水泥地上暴晒,应在泥地上或使用晒席隔离晾晒。

(四) 清选入库

花生荚果清选有人工扬净、气流清选和振动筛清选三种方法。

人工扬净是通过人工借助风力将花生清选干净。撒扬前，应扫净晾场，定好风向，选好方位，堆好花生，将要清选的花生顶风撒扬，借助风力和撒扬用力，将花生、茎叶、石块和泥块分开，剔除破碎果和瘪果，测定荚果含水量，含水量低于10%即可入库贮藏。

气流清选是根据在一定的风速作用下，花生荚果和茎蔓移动距离的不同而设计的一种机械清选方法。刚挖出时花生荚果与茎蔓的含水量差异较小，在田间晾晒过程中，两者的水分降低率差异很大，从而两者的落地距离差异进一步加大，利用气流清选会使清选精度提高。

振动筛清选是利用振动的筛子将荚果与茎叶分离。其清选质量会受筛选材料的水分、荚果状况、荚果与茎蔓之比、茎枝长度等影响。据相关试验，不论材料水分高低和茎蔓长短，只要筛选距离达到180厘米，荚果累计漏下率可达100%；随着水分的降低，筛选距离可变短。茎枝的长度短于15厘米，特别是含水量低时，荚果漏下率会增加，从而降低清选质量。振动筛清选应在荚果和茎蔓为中等含水量时进行。

▶ 第三节　花生的贮藏

花生含有丰富的蛋白质、脂肪、碳水化合物和维生素等多种营养成分，但其吸湿性较强，在贮藏过程中很容易吸收空气中的水分，增强呼吸作用，同时消耗养分，释放大量热能，使种子堆温升高，进而导致其受热产生发霉、变色、变味、走油、发芽等变质现象。

花生霉变后会产生较多黄曲霉毒素，具有毒害作用，不能再食用。花生贮藏期的水分、温度、湿度、虫蚀以及种子的生理作用、微生物和酶系

统的作用等,均会影响到花生的品质。

一 花生荚果贮藏技术

花生荚果在仓内散存或露天散存均可,花生荚果的贮藏安全水分标准是9%~10%。冬季水分较大但不超过15%的花生荚果,可以露天小囤贮存。经过冬季通风降低水分后,第二年春,天气变暖前再转入仓内保管。

水分超过15%的花生荚果,温度过低时,会遭受冻伤,必须降低水分后方能安全贮藏。花生荚果仓内散装密闭,水分在9%以下,温度不超过28 ℃时,一般可较长时期安全贮藏。

贮藏要点:花生荚果堆高不应超过2米,并避免吸湿回潮;及时趁冬季低温摊晾通风降低水分,在通风降低水分以后,趁低温密闭贮藏,效果更好。

二 花生仁贮藏技术

花生仁含油量高,易受高温、潮湿而氧化,致使脂肪变质变色、出油率降低。新收获的花生仁含水量在30%以上,若干燥不及时、不彻底,或在贮藏中大量吸收了空气中的水分,则极易发霉变质。花生仁贮藏方法主要有以下两种。

1.干燥贮藏

花生收获后应及时进行干燥,以降低含水量。花生仁不宜在烈日下直接暴晒,若采用日晒,温度超过25 ℃时要避免日光直射,应搭棚晾干,否则贮藏期间易脱皮、浸油。在干燥的同时,应结合风扬、筛选等方式除去杂质和破碎粒、瘪粒等,以减少霉菌滋生。

2.低温密闭贮藏

若需要长期贮藏,应在冬季通风降低水分,干燥标准为含水量在8%以下,然后进行低温密闭。这不仅可减少外界温湿度的影响,提高贮藏稳定性,还可以防止病菌害和虫害,也可避免花生仁脂肪变质、变味、浸油变色等情况的发生。

花生的种皮(红衣)受光、氧气、高温等影响易变色,如从原来新鲜的浅红色变为深红色,甚至暗紫红色,说明花生仁品质开始降低,应立即采取措施,改善贮藏条件。总之,花生仁贮藏要切实把握干燥、低温、密闭三个环节。

三 花生种子贮藏技术

要确保花生发芽率高、苗壮、产量高和品质好,抓住适期收获、精选留种、晒种和安全贮藏四个环节是十分重要的。花生种子安全贮藏的关键措施是减少水分,降低种子的呼吸作用,防止病虫害侵害种子等。留作种用的花生应采用荚果贮藏方式,播种前再脱壳。留作种用的花生荚果在贮藏时主要把握以下几点:

(1)贮藏前要将荚果充分晒干,使荚果含水量在安全水分以下,即含水量降为10%以下。以全果计,含水量应在10%以下;若以花生仁计,含水量应在8%以下。

(2)入贮前要保护好荚壳,以免荚果内果仁受病虫害侵入造成烂种。

(3)要提高荚果净度,清除杂质及没有发育成熟的荚果,以保证种子的纯度。

(4)对贮藏场地要严格消毒灭菌、防潮,并保持通风干燥。贮藏环境条件为干燥、低温、通风、干净。要求贮藏室的空气相对湿度低于70%,温度低于20℃,且通风散热。

(5)贮藏器具以编织袋、麻袋为宜,避免用不透气的塑料袋贮藏。塑料袋贮藏易造成袋内空气不流通,使种子进行无氧呼吸,会导致种胚中毒;同时,呼吸产生的水分和热量不易散发,会使花生仁发热霉变。

(6)应避免与农药、化肥同仓存放,因为许多农药和化肥都有一定的

挥发性、腐蚀性,对种子的细胞和种胚具有损害作用。

(7)贮藏期间要注意勤检查,每隔3个月或半年应将荚果翻晒1次,并检查荚果是否受潮,是否被虫、鼠危害以及种子发芽势、发芽率是否降低。若发现问题,要及时处理,以确保花生种子能安全贮藏。

(8)花生荚果在贮藏中也易遭受鼠害,应注意加强防鼠工作。

参 考 文 献

[1]　孙大容.花生育种学[M].北京:中国农业出版社,1998.

[2]　山东省花生研究所.中国花生栽培学[M].上海:上海科学技术出版社,1982.

[3]　郑奕雄.南方花生产业技术学[M].广州:中山大学出版社,2009.

[4]　曹敏建,王晓光,于海秋.花生:历史·栽培·育种·加工[M].沈阳:辽宁科学技术出版社,2013.

[5]　刁操铨.作物栽培学各论(南方本)[M].北京:中国农业出版社,1994.

[6]　廖伯寿.花生主要病虫害识别手册[M].武汉:湖北科学技术出版社,2012.

[7]　周曙东,刘爱军,黄武,等.中国花生产业经济研究[M].北京:中国财政经济出版社,2016.

[8]　万书波.中国花生栽培学[M].上海:上海科学技术出版社,2003.

[9]　禹山林.中国花生品种及其系谱[M].上海:上海科学技术出版社,2008.

[10]　万书波.花生优质安全增效栽培理论与技术[M].北京:中国农业科学技术出版社,2009.

[11]　李林,刘登望.南方花生高产高效栽培新技术[M].长沙:湖南科学技术出版社,2015.

[12]　吴立民.花生病虫草鼠害综合防治新技术[M].北京:金盾出版社,2001.

[13]　王传堂,于树涛,朱立贵.中国高油酸花生[M].上海:上海科学技术出版社,2021.

[14]　苏君伟,于洪波.辽宁花生[M].北京:中国农业科学技术出版社,2012.